名师教你读经典

昆虫记

KUNCHONG JI

［法］法布尔／著　　秦　阳／译

美 绘 彩 图 版

海峡出版发行集团
THE STRAITS PUBLISHING & DISTRIBUTING GROUP　鹭江出版社

图书在版编目（CIP）数据

昆虫记／（法）法布尔著；秦阳译 . — 厦门：鹭
江出版社，2022.4（2024.8 重印）
（名师教你读经典）
ISBN 978-7-5459-1943-1

Ⅰ . ①昆… Ⅱ . ①法… ②秦… Ⅲ . ①昆虫学—青少
年读物 Ⅳ . ① Q96-49

中国版本图书馆 CIP 数据核字（2021）第 252887 号

出 版 人	雷　戎
责任编辑	高　晗
美术编辑	朱　懿
装帧设计	子奇设计顾问机构
责任印制	陈志超　张　静
封面绘图	严一溪
内文绘图	刘婷婷

名师教你读经典　昆虫记

[法]法布尔　著　秦　阳　译

出版发行：鹭江出版社
地　　址：厦门市湖明路22号　　　　　　　　　邮政编码：361004
印　　刷：三河市嘉科万达彩色印刷有限公司
地　　址：河北省三河市沟阳镇三香路东侧　　　电话号码：0316-3159777
开　　本：710mm×960mm　1/16
印　　张：10
字　　数：133千字
版　　次：2022年4月第1版　　　2024年8月第2次印刷
书　　号：ISBN 978-7-5459-1943-1
定　　价：28.00元

如发现印装质量问题，请寄承印厂调换。

名师教你整本书阅读策略

阅读一本书，不仅需要读懂文本内容，还应在阅读的过程中学会阅读策略，并将其应用在其他的文本阅读上，从而达到将理论与实际相结合的目的。为让读者更好地阅读和使用本套书，我们特邀名师指导，为读者提供以下几点阅读策略：

 一 学会预测

预测就是指根据现有信息对文章中人物命运的发展、情节的变化、故事的结局等进行合理的推测，并在之后的阅读中对自己的预测进行验证。预测是没有绝对的对错之分的，我们可以在寻求验证的过程中不断修改自己的预测。为了能更准确地预测，我们不能毫无根据地想象，应该有一定的依据。

1 针对书名或篇名预测

无论是一本书的书名还是一篇文章的篇名，常常体现着整个文本的主旨，所以我们可以根据书名或者篇名来预测文本的主要内容。

2 联系生活经验预测

有时候，我们还可以根据自己的生活经验来预测后文的发展。这样的预测依据来源于生活，有利于我们将所读文本与生活实际相联系，从而加深对内容的理解。

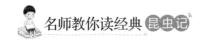

3 联系上下文，根据关键句或者文字细节预测

文章中一些关键的语句或细节也会暗示故事的发展，我们读到这些关键的地方时，先弄懂作者暗藏的意思，然后可以根据暗示的方向对后文进行预测。如《神笔马良》中，当读到开头部分马良说的"为什么穷孩子不能拿笔，连画也不能学呢？我就是要学画画！"时，我们可以预测：如果马良真的得到了一支神笔，他应该会十分珍惜，并用这支神笔帮助穷苦的老百姓改变命运。

二 善于提问

提问的过程就是一个思考的过程，学会对文本进行提问，并从中寻找答案，可以提高自己的阅读能力。

提问的方向不是单一的，我们可以从文本内容、写作手法、启示等不同角度来提问。如在读《爱的教育》一书时，我们可以针对写作手法提问：作者用第一人称，从儿童的视角来描述故事，对作品的呈现有什么好处？

提问可以针对全文也可以针对部分内容。如读到《爱丽丝漫游奇境》中爱丽丝想安慰老鼠却不愿意说自己不喜欢猫的情节时，我们可以提问：爱丽丝为什么不愿意说自己不喜欢猫？

我们可以将自己在阅读中所提的问题写在一张卡片上，并在阅读后对卡片上的问题进行总结，看看哪些问题引导你对文本有更深入的理解，哪些问题引发了你对书中其他内容的思考，哪些问题没有固定的答案……从而锻炼自己提问和思考的能力。

三 学会整合信息

整合信息就是将书中看似散乱无序的信息整理为有逻辑、有顺序的系统化信息，这是学生需要锻炼的重要能力之一。整合信息能力的培养有一个从易到难的过程，即从提取单一信息到提取多个信息，然后进行比较、整理，并做出解释。

1 根据关键词句概括一段话的大意

关键词句往往包含着文本的线索，或者表现着作者的思想情感和文章中心。要概括一段话的大意，我们可以先找到本段的关键词句，通过理解关键词句的意思来概括。如《稻草人》中有这样一段话：

> 稻草人非常尽责任。要是拿牛跟他比，牛比他懒怠多了，有时躺在地上，抬起头看天。要是拿狗跟他比，狗比他顽皮多了，有时到处乱跑，累得主人四外去找寻。他从来不嫌烦，像牛那样躺着看天；也从来不贪玩，像狗那样到处乱跑。他安安静静地看着田地，手里的扇子轻轻摇动，赶走那些飞来的小雀，他们是来吃新结的稻穗的。他不吃饭，也不睡觉，就是坐下歇一歇也不肯，总是直挺挺地站在那里。

这段话比较长，但只要找到关键句"稻草人非常尽责任"，我们就可以知道这段文字主要是说稻草人非常有责任心。

2 关注主要人物和事情，获得文本线索

小学生所阅读的书籍多数是由主人公和事情等要素组成的。找到书里的主要人物，弄清围绕主要人物发生了什么事情，通过整理这些内容，学生可以有方向、有目标地处理自己在阅读过程中获得的信息，忽略掉不重要的描写，从而获得一条简洁、有条理的文本线索。

3 把握文章主要内容，复述情节

在学会把握整本书的内容后，我们可以试着锻炼自己复述情节的能力。复述情节可以分为两个阶段。第一个阶段只需简要复述，将自己看过的书本内容经过信息整理后，用自己的语言把大致内容复述出来。第二个阶段要求创造性复述，要求学生结合自己的理解复述

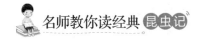

内容，可以结合有趣的话语和丰富的表演，或者加入自己的观点，等等。创造性复述情节的形式多样，可以口头叙述，可以改编成剧本并表演，可以组织演讲活动，等等。

4 注意梳理信息，把握内容要点

在阅读过程中，我们可以尝试概括出所读内容的要点、框架和故事梗概，或者写出某一章节的提要和基本内容，这样有助于培养概括能力和表达能力。

5 对印象深刻的人物和情节进行交流

语文学习的目的是与人沟通和交流。阅读也是如此，阅读所得也可以拿来与别人进行交流，如可以联系生活实际，对书本中印象深刻的人物和情节进行交流。交流形式可以选择座谈会、辩论赛等。

四 找出主旨及重点

语文教材十分重视学生对人文主题的感悟，包括引导学生体会和感受课文中蕴含的情感、道理、品质、精神、人生态度、价值观等，这是学生在学习中应该学会的一种能力，也就是了解文章的主旨和重点。但是比了解一篇文章的主旨和重点更重要的是要学会怎样去找出文章的主旨和重点。

1 通过关键词句体会情感

如《灰尘的旅行》中《经济关系》一节有这样的内容：

> 将来战事一旦结束，人类触目伤心，能不怪我的无情吗？在平时，我本有传染病的罪名；在战时，我又加上帮凶的暴行啊！他们要更加痛恨我了。

这段文字说明战争给细菌传播提供了机会，加速了细菌的传播速度，表达了作者对战争的厌恶之情，体现了一位科学家的人文关怀。

2 抓住人物语言、动作等细节

如《中国神话传说》中《精卫填海》一文有这样一段描写：

> 精卫飞翔着，悲鸣着，离开大海，又飞回西山上，衔着石子儿和树枝飞往大海。她往返飞翔，从不休息，直到今天，她还在做着这件事。

作者通过描写精卫"离开""又飞回""往返飞翔"等动作和细节，有力地赞美了她顽强执着、锲而不舍的精神。

3 抓住场景和环境描写

如《安徒生童话》中《卖火柴的小女孩》一文的环境描写：

> 当太阳升起的时候，已经不是那个悲伤的大年夜了，这是新年的第一天，天气暖和起来了。大街上已经有一些人出来走动了。那个卖火柴的小女孩，穿着破破烂烂、光着小脚的小女孩，此时此刻面带微笑地坐在那个冰雪还没有融化的墙角。她的微笑已经被冻僵了，大年夜的时候，她在飘飘扬扬的鹅毛大雪中，被冻死在那两幢大房子之间的偏僻的墙角，她全身一片雪白，手上剩下的火柴也是白的。

作者用升起的太阳、新年第一天走动的人们、大房子与冻死的、穿得破破烂烂的小女孩作对比，这样的环境描写进一步强化了主题，表现出贫富差距过大是小女孩死亡的重要原因之一。

4 结合文本特点

如在阅读科普文《灰尘的旅行》时，不仅要注意科普文的文学特质，还要注意它的说明特质，了解其中所蕴含的科学知识。作者在《土壤革命》一节中讲述了细菌化解死物，为土壤提供养分。在文章结尾，作者写道：

> 而今近视眼的科学先生和盲目的人类大众，若只因一时的气愤，为了我族群中的那些少数不良分子的蛮动，而诅咒我的灭亡，那真是辜负了我在土壤里的苦心经营。

作者用第一人称的方式讲述关于细菌知识的同时，也告诉我们不要只看到细菌对人类的危害，也要看到它有益的一面，要用客观、科学的态度看待细菌，树立正确的科学观。

以上是我们大致讲的一些阅读策略和方法，除此之外还有很多阅读方法，但是篇幅有限，不能穷尽，而且每个人的阅读水平、阅读目的不同，所采用的方法也会不同，这还需要同学们在阅读中逐渐摸索，不断钻研，在实践中运用自己所学到的阅读方法，并学会选择更适合自己的阅读方法，从而更有效率地阅读，提升综合运用的能力。

让名家经典为你搭建阅读的桥梁

·本书专属二维码：为每一本正版图书保驾护航·

 读前 看一看 作品导读：书中讲了哪些内容？快来看看就知道。

 阅读 进行时 写作方法专题：写人丰满生动，写事引人入胜！
阅读学习资料：领取阅读技巧，带你看懂作者意图！

扫码添加
智能阅读向导

 读后 有拓展 读书笔记：一键拍照，记录你的阅读启示。

目录

我与荒石园

在很小很小的时候，我就已经有一种喜欢与自然界的事物亲近的感觉。如果你认为我的这种喜欢观察植物和昆虫的性格是从我的祖先那里遗传下来的，那简直是开玩笑。因为，我的祖先们唯一知道和关心的，就是他们自己养的牛和羊。在我的祖父辈之中，只有一个人翻过书本，但是就连他对字母的拼法，在我看来也是十分不可信的。至于要说我曾经受过什么专门的训练，那就更谈不上了，从小就没有老师教过我，更没有指导者，而且也常常没有什么书可看。我只不过是朝着我眼前的一个目标不停地走，这个目标就是有朝一日在研究昆虫的历史上，多少加上几页我对昆虫的认识。

回忆过去，在很多年以前，那时候我还是一个不懂事的小孩子，才刚刚学会认字母。然而，对于当时那种初次学习的勇气和决心，我至今都感到非常骄傲。

我记得很清楚的一次经历，是我第一次去寻找鸟巢和第一次去采集野菌的情景，当时那种高兴的心情直到今天还难以忘怀。

记得有一天，我去攀登离我家很近的一座山。在这座山的山顶上，有一片很早就引起我浓厚兴趣的树林。从我家的小窗子看出去，树林中的树木朝天立着，在风中摇摆，在雪里弯腰。我很早就想跑到这片树林里去看一看了。那一次爬山，我爬了好长时间，因为我的腿很短，所以爬的速度十分缓慢。草坡十分陡峭，就跟屋顶一样。忽然，在我的脚边，出现了一只十分可爱的小鸟。我猜想这只小鸟是从它藏身的大石头下飞出来的。

不一会儿工夫，我就发现了这只小鸟的巢。这个鸟巢是用干草和羽毛做成的，里面还排列着六个蛋。这些蛋呈美丽的天蓝色，十分光亮。这是我第一次找到鸟巢，是小鸟们带给我的许多快乐中的第一次。我高兴极了，于是伏在草地上，十分认真地观察它们。

这时候，雌鸟十分焦急地在石上飞来飞去，而且还"塔克塔克"地叫着，表现出十分不安的样子。那时我年龄还太小，不懂它为什么那么痛苦。当时我想出了一个计划：首先带回去一个蓝色的蛋，作为纪念品；然后，过两星期再来，趁着这些小鸟还不能飞的时候，将它们拿走。我还算幸运，当我把蓝鸟蛋放在青苔上，小心翼翼地捧着它走回家时，恰巧遇见了一位牧师。

他说："嗬！一个萨克锡柯拉的蛋！你是从哪里捡到这个蛋的？"

我告诉他捡蛋前前后后的经历，并且说："我打算再回去一趟，不过要等到新出生的小鸟们长出羽毛的时候。"

"哎，不许你那样做！"牧师叫了起来，"你不可以那么残忍，去抢那可怜雌鸟的孩子。你要做一个好孩子，答应我，从此以后再也不要碰那个鸟巢。"

从这一番谈话当中，我懂得了两件事：第一件，偷鸟蛋是件残忍的事；第二件，鸟兽同人类一样，它们都有各自的名字。

于是，我问自己："在树林里、草原上的我的许多朋友，它们都叫什么名字呢？'萨克锡柯拉'的意思是什么呢？"

几年以后，我才晓得"萨克锡柯拉"的意思是岩石中的居住者，那种下蓝色蛋的鸟是一种被称为"石鸟"的鸟。

第一次去采集野菌则是在一片树林里。有一条小河沿着我们的村子旁边悄悄地流过，这片树林就在河的对岸。树林中全是光滑笔直的树木，就像高高耸立的柱子一般，地上铺满了青苔。

在这片树林里，我第一次采集到了野菌。这野菌的形状，猛一眼看上去，就好像是母鸡生在青苔上的蛋一样。还有许多别的种类的野

> ☆阅读与写作
>
> 把野菌比作"母鸡生在青苔上的蛋"，形象生动地描绘了野菌的形状。

菌，形状不一，颜色也各不相同——有的像小铃铛，有的像灯泡，有的像茶杯，有些是破的，它们会流出像牛奶一样的泪，还有些当我踩到它们的时候，它们会变成蓝蓝的颜色。其中，有一种最稀奇的，长得像梨一样，它们顶上有一个圆孔，大概是一种烟筒吧。我用指头在它们的下面一戳，会有一簇烟从烟筒里喷出来。我把它们装了好大一袋子，等到有空的时候，我就把它们弄得冒烟，直到它们缩成一种像火绒一样的东西为止。

从这以后，我又好几次回到这片有趣的树林。我研究真菌学的初步功课，通过这种采集所得到的一切，是待在屋子里不可能获得的。

在这种一边观察自然一边做实验的情况之下，我的所有功课，除了两门课，差不多都学过了。我从别人那里只学过两种科学性质的功课，而且在我的一生中，也只有这两种：一种是解剖学，一种是化学。我学解剖学的时间很短，但是学到很多东西。学化学时的运气就

比较差了。在一次实验中，玻璃瓶爆炸，许多同学受了伤。后来，我重新回到这间教室时，已经不是学生而是教师了，墙上的斑点却还留在那里。那一次，我至少学到了一件事，就是以后我每次做实验，总是让我的学生们离得远一点。

我最大的愿望就是在野外建立一个实验室。当时我还处在为每天的面包问题而发愁的生活状况下，这真是一件不容易办到的事情！几乎四十年来，我都有这个梦想，想拥有一块小小的土地：把土地的四面围起来，让它成为我私人所有的土地；寂寞、荒凉、阳光照射、长满荆草，这些都是黄蜂和蜜蜂很喜欢的环境条件。在这里，没有烦恼，我可以与我的朋友们，如泥蜂，用一种难解的语言相互问答，这当中就包含了不少观察与实验呢！在这里，没有漫长的旅行，不至于白白浪费时间与精力，这样我就可以时时留心我的昆虫们了！

最后，我实现了我的愿望。在一个小村落的幽静之处，我得到了一小块土地。这是一块荒石园。"荒石园"在当地的语言中是指里面除了一些百里香，很少有植物能够生长起来的荒地。这种土地即使花费工夫耕耘，也难以改善。不过到了春天，会有羊群从那里走过。如果碰巧当时下点雨，是可以生长出一些小草的。然而，我自己专有的荒石园，却有一些掺着石子的红土，并且曾经被人粗粗地耕种过了。有人告诉我，这块地上生长过葡萄树。于是，我心里真有几分懊恼，因为原来的植物已经被人用三齿长柄叉弄掉了，现在已经没有百里香、薰衣草等植物了。百里香、薰衣草对于我来说也许有用，因为它们可以用来做黄蜂和蜜蜂的猎场，所以我只好把它们重新种植起来。

这里长满了偃卧草、刺桐花，以及西班牙的牡莉植物——那是一种开着橙黄色的花，并且有硬爪般花序的植物。在这上面，盖着一层伊利里亚的棉蓟，它那高耸直立的枝干，有时长到六尺高，而且末梢还长着大大的粉红球，还带有小刺，真是武装齐备，使得采集植物的人不知应从哪里下手摘取才好。在它们当中，有穗形的矢车菊，长了好长一排钩子，悬钩子的嫩芽爬到了地上。

假使你不穿上高筒皮鞋，就来到有这么多刺的树林里，你就要因为你的粗心而受到惩罚了。

这就是我四十年来拼命奋斗得来的属于我的乐园哪！

我的这个稀奇而又冷清的王国，是无数蜜蜂和黄蜂的快乐猎场，我从来没有在一个地方看见

☆阅读与写作

独句成段，承上启下，由上文介绍园中的植物，过渡到下文如数家珍地介绍荒石园中各种类型的蜂。

过这么多的昆虫。各种生意都以这块地为中心，来了猎取各种野味的猎人、建筑工人、纺织工人、切叶者、纸板制造者，同时也有搅拌泥灰的泥瓦匠、钻木头的木匠、在地下挖掘隧道的矿工，以及制造薄膜气球的工人，各种各样的人都有。

快看哪！这里有一种会缝纫的黄斑蜂。它剥下开有黄花底的刺桐的网状线，采集了一团填充的东西，很骄傲地用它的腮（颚）带走了。它准备到地下，用采来的这团东西储藏蜜和卵。

那里是一群切叶蜂，在它们的身躯下面，带着黑色的、白色的或者血红色的切割用的毛刷。它们打算到邻近的小树林中，把树叶割成椭圆形的小片包裹它们的收获品。

这里又是一群穿着黑丝绒衣的石蜂，它们

是做水泥与沙石工作的。在我的荒石园里，我们很容易在石头上发现它们建的房子。

另外，这里有一种野蜂，它把窝巢藏在空蜗牛壳的盘梯里。还有一种，它把自己的幼虫安置在干燥的悬钩子的秆子的木髓里。第三种，利用断了的芦苇的沟道做它的家。至于第四种，住在石蜂的空隧道中，而且连租金都用不着付。还有的蜂头上生着角，有些蜂后腿长着刷子，这些都是用来收割的。

我的荒石园的墙壁建筑好了，到处可以看到成堆的石子和细沙，这些全是建筑工人们遗弃下来的，并且不久就被各种住户给霸占了。

石蜂选了个石头的缝隙，用来做它们睡觉的地方。若是有凶悍的蜥蜴一不小心压到它们的时候，它们就会奋起反抗。

粗壮的单眼蜥蜴挑选了一个洞穴，伏在那里等待路过的蜘蛛。黑耳毛的鹑鸟穿着白黑相间的衣裳，看上去好像是黑衣僧，坐在石头顶上唱着简单的歌曲。

那些藏有天蓝色小蛋的鸟巢，会在石堆的什么地方呢？当石头被人搬动的时候，在石头里面生活的那些小黑衣僧自然也一块儿被移动了。我为这些小黑衣僧感到十分惋惜，因为它们是很可爱的小邻居。至于蜥蜴，我可不觉得它可爱。所以，对于它的离开，我心里没有丝毫的惋惜之情。

在沙土堆里，还隐藏着掘地蜂和猎蜂的群落。令我感到遗憾的是，这些可怜的掘地蜂和猎蜂后来被建筑工人无情地驱逐走了。但是仍然有一些猎蜂留着，它们成天忙忙碌碌，寻找小毛虫。还有一种长得很大的黄蜂，竟然胆大包天地去捕捉毒蜘蛛。在荒石园的泥土里，有许多这种相当厉害的蜘蛛居住着。而且你还可以看到强悍勇猛的蚂蚁，它们派遣出一个兵营的力量，排着长长的队伍，向战场出发，去猎取比它们强大的猎物。

此外，在屋子附近的树林里，住满了各种鸟雀。它们之中有唱歌鸟，有绿莺，有麻雀，还有猫头鹰。在这片树林里有一个小池塘，池塘附近住满了蟾蜍和雨蛙，五月到来的时候，它们就组成震耳欲聋的乐队。在居民之中，最勇敢的要数黄蜂了，它竟不经允许地霸占了我的屋子。

在我的屋子门槛的缝隙里，还居住着白腰蜂。每次要走进屋子的时候，我都必须十分小心，不然就会踩到它们，破坏了它们开矿的工作。在关闭的窗框上，长腹蜂在软沙石的墙上建筑土巢。我在窗户的木框上一不小心留下的小孔，被它们用来当作门户了。

在百叶窗的边线上，少数几只迷了路的石蜂建筑起了蜂巢。

午饭时候一到，这些黄蜂就翩然来访。它们的目的，当然是想看看我的葡萄成熟了没有。

这些昆虫全都是我的伙伴，我亲爱的小动物们，我从前和现在所熟识的朋友们，它们全都住在这里。它们每天打猎，建筑窝巢，以及养活它们的家族。荒石园是我钟情的宝地。

跟 法布尔 学 观 察

法布尔从小就酷爱观察植物和昆虫，以至多年后他仍然对童年时第一次去树林寻找鸟巢和采集野菌的经历记忆清晰，并从此走上了研究昆虫的道路。可见，观察的习惯是需要从小养成的。学会观察植物，观察动物，观察我们生活的这个世界，能让我们从中获得更多的精神财富。

迷人的池塘

当凝视池塘的时候，我从来都不觉得厌倦。在这个小小的绿色世界里，有无数忙碌的小生命生生不息。

在泥泞的池边，一堆堆黑色的小蝌蚪在温暖的池水中嬉戏着，追逐着；在那芦苇丛中，一群群石蚕的幼虫各自将身体隐匿在一个个枯枝做的小鞘中。

在池塘的深处，水甲虫在活泼地跳跃着，它前翅的尖端带着一个气泡，这个气泡对呼吸很有帮助。它的一片胸翼在阳光下闪闪发光，像一个威武的大将军胸前的一块闪着银光的胸甲。在水面上，一堆闪着亮光的"珍珠"打着转，欢快地扭动着。不对，那不是"珍珠"，其实那是豉虫们在开舞会呢！而离这里不远的地方，有一队池鲦正在向这边游来，它们那具有特色的泳姿，就像裁缝手中的针那样迅速而有力。

在池塘这个地方，你还会见到水蝎。看哪，它交叉着两肢在水面上仰泳，那悠闲的神态，仿佛它是天底下最伟大的游泳好手。还有蜻蜓的幼虫，穿着沾满泥巴的外套，它的身体后部有一个漏斗。当它把漏斗里的水迅速挤压出来的时候，借助水的反作用力，它的身体会以同样的速度冲向前方。

在池塘的底下，倘佯着很多沉静的贝壳动物。小小的田螺会沿着池底慢慢地爬到岸边，小心翼翼地张开它们沉沉的盖子，眨巴着眼睛，好奇地展望这个美丽的水中乐园，同时又尽情地呼吸陆上的新鲜空气；水蛭们吸附在它们的征服物上，不停地扭动着身躯，得意扬扬；成千上万的孑孓在水中有节奏地一扭一曲，不久的将来它们会变成蚊子，成为人人喊打的坏蛋。

☆阅读与写作

生动的语言写出了田螺、水蛭、孑孓三种小生物的生活形态，语言活泼，使小动物们生动的形象跃然纸上。

猛一看，这是一个波澜不惊的池塘，它的直径不过几尺。可是在阳光的孕育下，它却是一个辽阔神秘而又丰富多彩的世界。这一方小小池塘多么能打动和引发一个孩子的好奇心哪！现在，让我来告诉你我记忆中的第一个池塘吧。

小的时候，我的家里很穷，除了妈妈继承的一所房子和一块小小的荒芜的园子，几乎什么都没有。你听说过"大拇指"的故事吗？那个大拇指藏在他父亲的矮凳子下，偷听他父亲和母亲之间一些关于生活窘迫的对话。我就很像那个大拇指。但是我没有像他那样藏在凳子底下，我是伏在桌子上一面假装睡着了，一面偷听他们的谈话的。幸运的是，我所听到的，并不是像大拇指的父亲所说的那种使人心寒的话。相反，我听到了一个美妙的计划。

"如果我们养一群小鸭，"妈妈说，"将来我们一定可以换不少钱。我们可以买些饲料回来，让亨利天天照料它们，把它们喂得肥肥的。"

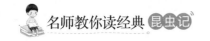
"太好了！"父亲高兴地说道，"让我们来试试吧。"

那天晚上，我做了一个美妙的梦。我和一群可爱的小鸭一起漫步到池畔，它们都穿着鲜黄色的衣裳，活泼地在水中打闹、洗澡。我在旁边微笑地看着它们洗澡，耐心地等它们洗痛快，然后带着它们慢悠悠地走回家。半路上，我发现其中有一只小鸭累了。于是，我小心翼翼地把它捧起来放在篮子里面，让它甜甜地睡去。

没想到我的美梦很快就实现了：两个月以后，我们家里养了二十四只毛茸茸的小鸭。

鸭子自己不会孵蛋，常常由母鸡来孵。可怜的母鸡分不出孵的是自己的亲骨肉还是别家的孩子，只要是那圆溜溜、跟鸡蛋差不多样子的蛋，它都很乐意去孵，并把孵出来的小生物当作自己的亲生孩子来对待。负责孵育我们家的小鸭的是两只母鸡，其中一只是我们自己家的，而另一只是向邻居借来的。

我们家的那只黑母鸡，每天陪着小鸭们玩，不厌其烦地和它们做游戏。我往一只木桶里灌了些水，大约有两寸高，这个木桶就成了小鸭们的游泳池。只要天气晴朗，小鸭们总是一边沐浴着温暖的阳光，一边在木桶里洗澡嬉戏，显得无比舒适，令旁边的黑母鸡羡慕不已。

渐渐地，两周以后，这只小小的木桶不能满足小鸭们的要求了。它们需要更大的水面才能自由自在地翻身跳跃，它们还需要许多小虾米、小螃蟹、小虫子等食物。这些食物通常都藏在水草中，等候着它们自己去寻觅。但取水是个大问题。我们家住在山上，而从山脚下带大量的水上来是很困难的。尤其在夏天，连我们自己都不能痛快地喝水，哪里还顾得了那些小鸭呢？

我家附近有一口井，但那是一口半枯的井，每天要供四五家邻居轮流使用，而且学校里的校长先生养的那头驴子，总是贪得无厌地对着井大口大口地饮水，那口井往往很快就被喝干了。直到整整一昼夜之后，才看见有井水渐渐地升起来，恢复到原来的样子。在如此艰难的水荒中，那些可怜的小鸭自然就没有自由嬉水的份了。

不过幸好，山脚下有一条潺潺的小溪，那可是小鸭们的天然乐园。从我家到小溪，必须穿过一条村里的小路，但是我们不能走那条小路，因为我们很可能在那条路上碰到几只凶恶的猫和狗，它们会毫不犹豫地冲散小鸭们的队伍。

我只得另谋出路。我想起离山不远的地方，有一大片草地和一口不小的池塘。那是一个很荒凉很偏僻的地方，没有猫猫狗狗的打扰，的确可以成为小鸭们的乐园。

我第一天做牧鸭童，心中又快活又自在。不过有件事令我很难受。那就是，我赤裸的双脚起泡了，因为跑了太多的路。后来我只能踮着脚走，甚至连那双我放在衣橱里只有在过节的时候才能穿的鞋子也不能穿了。我赤裸的脚不停地在乱石杂草中奔跑，伤口越来越疼痛了。小鸭们的脚似乎也受不了这种折腾，因为它们的蹼还没有完全长成，还远不够坚硬。当它们走在这崎岖的山路上时，会不时地发出"嘎嘎——"的叫声，似乎是在请求我允许它们休息一下。每当这个时候，我也只得满足它们的要求，招呼它们在树荫下歇歇脚，要不它们恐怕再也没有力气走完剩下的路了。

终于，我们到达了目的地。那方池水浅浅的，温温的，水中露出的土丘就好像是一个小小的岛屿。小鸭们飞奔过去，在岸上忙着寻觅食物。吃饱喝足后，它们就下到水里洗澡。洗澡的时候，它们会把身体倒竖起来，前身埋在水里，尾巴指向空中，仿佛在跳水中芭蕾。我美滋滋地欣赏着小鸭们优美的动作，看累了，就看看水中别的景物。

那是什么？在污泥上，我看到有几段互相缠绕的绳子又粗又松，黑沉沉的，像熏满了烟灰。如果你看到它们，可能会以为它们是从什么袜子上拆下来的绒线。于是，我想：可能是哪位牧羊女在水边编一只黑色的绒线袜子，突然发现某些地方漏了几针，不能往下编了，埋怨了一阵子后，就决心全部拆掉，重新开始，而在她拆得不耐烦的时候，就索性把这编坏的部分全丢在水里。这个推测看起来合情合理。

☆阅读与写作

> 看到黑色的绳子，竟然联想起牧羊女织袜子的情景，非常有趣，作者的想象力真让人惊叹。

我走过去，想捡一段放到手掌里仔细观察，没想到这玩意又黏又滑，一下子就从我的手指缝里滑走了。我费了好大的劲，就是捉不住它。有几段绳子的结突然散开，从里面跑出一粒粒小珠子，后面拖着一条扁平的尾巴。我一下子认出它们了，那正是我熟悉的青蛙的幼体——蝌蚪。

它们组成的黑绳子不停地在水面上打旋，它们黑色的背部在阳光下发着亮光。每当我伸手去捉它们的时候，它们似乎早就预料到有危险来临，不等我碰它们，它们就逃得无影无踪了。我本想捉几只放到盆里面仔细研究，可惜怎么也捉不到。

看哪！在那池水深处，有一团浓绿的水草。我轻轻拨开一束水草，立即有许多水珠争先恐后地浮到水面，聚成一个大大的水泡。我想，在这厚厚的水草底下一定藏着什么奇怪的生物。

继续往下探索，我看到了许多贝壳像豆子一样扁平，周围冒着几个涡圈；有一种小虫看上去像戴了羽毛；还有一种小生物舞动着柔软的鳍片，像穿着华丽的裙子在跳舞。我不知道它们为什么这样游来游去，也不知道它们叫什么。我只能出神地对着这个神秘、玄妙的水池，浮想联翩。

经过小小的渠道，池水缓缓地流入附近的田地，那里长着几棵赤杨。在那里我又发现了美丽的生物——一只甲虫，比樱桃核还小，身上闪耀着碧绿色。那碧绿色是如此赏心悦目，让我想起了天堂里美丽的天使，她的衣服一定也是这种美丽的碧绿色。我怀着虔诚的心情轻轻地捉起它，把它放进了一个空的蜗牛壳里，并且用叶子把壳塞好。我要把它带回家去，细细地欣赏一番。

接着，我的注意力又被别的东西吸引住了。清澈而凉爽的泉水源源不断地从岩石上流下来，滋润着这个池塘。泉水先流到一个小小的潭里，然后汇成一条小溪。

我看着看着就突发奇想，觉得这样让溪水默默地流过太可惜了，完全可以把它当作一个小的瀑布，去推动一个磨。于是，我开始着手做一个小磨。我用稻草做成轴，用两个小石块支着它，不一会儿就完工了。这个磨子做得很成功，只可惜当时没有小伙伴在场，只有几只小鸭欣赏我的杰作。

这个小小的成功大大地激发了我的创造欲，使其一发而不可收。我又计划筑一个小水坝，那里有许多乱石可以利用。我耐心地挑选着可以用来筑坝的石块。挑着挑着，我忽然发现了一个奇迹，它使我再也无心继续建造水坝了。

当我砸开一个大石头时，有一个小拳头那么大的窟窿。从窟窿里面发出一簇簇光环，好像是一簇簇钻石的棱面在阳光的照耀下闪着耀眼的光，又像是教堂里彩灯上垂下来的一串串晶莹剔透的珠子。

这灿烂而美丽的东西，使我自然地想起孩子们躺在打禾场的干草上时讲到的神龙的传奇故事。据说，神龙是地下宝库的守护者，守护着不计其数的奇珍异宝。

现在在我眼前闪光的这些东西，会不会就是神话中所说的皇冠和首饰呢？难道它们就蕴藏在这些砖石中吗？在这些破碎的砖石中，我可以搜集到许多发光的碎石，这些都是神龙赐给我的珍宝哇！我仿佛觉得神龙在召唤我，要给我数不清的金子。

在潺潺的泉水下，我看见许多金色的颗粒，它们都粘在一片细沙上。我俯下身子仔细观察，发现这些金粒在阳光下随着泉水打着转，这真是金子吗？真是那可以用来制造二十法郎金币的金子吗？对一个贫穷的家庭来说，这金币是多么宝贵呀！

我轻轻地拣起一些细沙，放在手掌中。这发光的金粒数量很多，但是颗粒却很小，得把麦秆用唾沫浸湿了，才能用来粘住它们。我不得不放弃这项麻烦的工作。我想一定有一大块一大块的金子深藏在山石中，可以等到以后我把山炸毁了再说，这些小金粒太微不足道了，我才不去拣它们呢！

我继续把砖石打碎，想看看里面还有什么。可是，这下我没看见珠宝，却看见有一条小虫从碎片里爬出来。它的身体是螺旋形的，带着一节一节的疤痕，像一只蜗牛在雨天的古墙里蜿蜒着爬到墙外，那有节疤的地方显得格外沧桑和强壮。我不知道它是怎样钻进这些砖石内部的，也不知道它钻进去干什么。

为了纪念我发现的宝藏，再加上好奇心的驱使，我把砖石装在口袋里，口袋被塞得满满的。

这时候，天快黑了，小鸭们也吃饱了。于是，我对它们说："来，跟着我，咱们得回家了。"

我的脑海里装满了幻想，脚上的疼痛早已忘记了。

在回去的路上，我尽情地想着我的漂亮的甲虫，蜗牛一样的小虫，还有那些神龙所赐的宝物。可是一踏进家门，我就回过神来，父母的反应让我一下子很失望。他们看见了我那膨胀的衣袋里面尽是一些没有用处的砖石，而且我的衣服也被砖石撑破了。

"我叫你看鸭子，你却自顾自地去玩耍。你捡那么多砖石回来，是不是还嫌我们家周围的石头不够多呀？赶紧把这些东西扔出去！"父亲冲着我吼道。

我只好遵从父亲的命令，把那些捡来的珍宝、金粒和碧绿色的甲虫统统抛在门外的废石堆里。母亲看着我，无奈地叹了口气。

"孩子，你真让我为难。如果你带些青草回来，我倒也不会责备你，那些东西至少可以喂喂兔子。可这种碎石只会把你的衣服撑破，这种毒虫只会把你的手刺伤，它们究竟能给你什么好处呢？唉！准是什么东西把你迷住了！"

可怜的母亲，她说得不错，的确有一种东西把我迷住了——那是大自然的魔力。

几年后，我知道了那个池塘边的"钻石"其实是岩石的晶体；所

谓的"金粒"，原来也不过是云母而已，它们并不是什么神龙赐给我的宝物。尽管如此，对于我，那个池塘始终保有着它的诱惑力，因为它充满了神秘，那些东西在我看来，其魅力远远胜于钻石和黄金。

跟 法布尔 学 观 察

在这个神秘的小池塘边，法布尔先是发现了黑绳似的蝌蚪，然后在观察蝌蚪的时候，又通过冒泡的水面，看到了扁平的贝壳以及不知名的像在跳舞的小生物等；随着流水，法布尔还发现了碧绿色的甲虫和发光的碎石。法布尔在观察时，不放过任何一个细节，于是即使只是一个小池塘，也能让他发现一个独特而有趣的世界。

扫码立领
• 本书内容导读
• 写作方法专题
• 阅读学习资料

睿智的红蚂蚁

有这样一位睿智的观察者，虽然他不是那么了解收集在橱窗里的动物，但他却是研究原生态动物的专家。在他的专著《动物的智力》中，他说：

法国的这种鸟，根据经验知道北方寒冷，南方炙热，东方干燥，西方潮湿。它可以通过丰富的气象知识判断方位，方便飞行。假如把鸽子放进篮子里，拿块布盖着，从布鲁塞尔把它带到图卢兹，它是没法凭借眼睛把路线记下来的，但是没有人能妨碍鸽子凭借自己对气温的印象感觉到自己是向南进发的，所以它才会一直向北飞。一旦感到天空的温度跟自己家乡的温度相当，它就会停下来。就算不能马上发现旧所，它也可以向东或者向西飞上几个小时来寻找，以便纠正出现偏差的路线。

但是，这种解释只适用于在南北方向移动这种情况。如果是在等温线上向东西方向移动呢？那就另当别论了。再者，这种解释是不能推而广之的。鸽子从几百里远的地方返回自己的鸽棚，燕子穿越海洋从远在非洲的越冬地重新回到旧窝，在这种漫长又艰辛的旅行中，动物是靠视力来指引方向的吗？猫咪从城市的一端跑回另一端的家里，穿越迷宫似的大街小巷，靠的不仅仅是视力，也不可能是气候变化的影响。同理，我的石蜂也不是靠视力辨别方向的。比如在密林里放出几只石蜂，它们不会飞很高，离地面只有二三米，既然无法一眼看出地形全貌以便画出地图，那么为什么要了解地形呢？它们盲目地在实验者身后转几个圈，犹豫了那么一会儿，便向北飞去了。那里有高耸绵延的丘陵，有茂密树林的遮挡，它们顺着不高的斜坡往上飞去，穿越这些障碍。的确是视力帮助它们躲开各种障碍，但视力不能告诉它们要往哪个方向飞。温度显然也不能起什么作用，仅仅是几千米的距离而已，气候是不会有什么显著的变化的。我的石蜂没有从热、冷、干、湿的经验中学到什么，更何况那还要耗费它们几个星期的时间。就算它们熟悉方位，但蜂巢和放飞地的气候都是差不多的，它们怎么能对向哪个方向飞这种事情拿定主意呢？

能不能假设动物具有人类所没有的一种特别的感觉呢？对于这些现象，我不禁想提出一种神秘的东西来解释。没有人想否定达尔文的权威，他得出的也是一样的结论。动物能够感受磁性吗？在它们身上紧贴一根磁针，对它们的感觉会有什么样的影响呢？动物对地电会有什么样的感应呢？人类也拥有这样的感应能力吗？毫无疑问，我指的是物理学的磁力，而不是梅斯梅尔和卡缪斯特罗之流所说的磁力。如果水手本身就是罗盘，那干吗还要随身带罗盘呢？所以，人类肯定是没有相应的能力的。

依然是这位大师的观点，身在异地的鸽子、燕子、猫、石蜂等

☆阅读与写作

通过连续四个疑问句，有力地吸引了阅读者的兴趣，也自然地引出下文。

动物能够找到方向，都是拜一种特别的感官能力所赐。这种能力人类不具备，甚至不能想象。我不能确定这是不是对磁力的感觉，但我已经尽我所能去研究这种能力，对此我感到满意。跟人类比起来，动物是多么伟大，多么先进哪！在我们拥有的感官能力之外，动物又增加了一种。为什么人类没能拥有这样的能力呢？对"物竞天择，适者生存"的环境来说，这样的能力是多么有用的武器呀！如果像人们研究发现的，包括人在内的所有的动物都是从原细胞这一唯一起源产生，并且遵循自然规律在历史进程中自然进化，发展最好的天赋，摒弃最差的天赋，那为什么在低级动物的身上会有这种奇妙的能力，而身为万物灵长的人类反而一丝一毫都学不会呢？这种能力远比胡子上的一根毛，或者尾骨上的一截骨头更值得保留啊！我们的祖先怎么会任凭如此优秀的能力在进化中逐渐遗失呢？

如果这种感官功能真的没有遗传下来，那就缺乏足够的证据。为此，我请教了进化论者，并且期望从原生质和细胞核那里得到不一样的答案。

我们总是认为有某种未知的感官存在于膜翅目昆虫身上的某个部位，它们是通过这种特殊的器官来感知方向的。首先想到的一定是触角。我们总是习惯把昆虫那些不明了的行为归结于触角，想当然地认为触角上一定有什么特殊的构造，但我的确有充分的理由来怀疑触角带有指向的能力。毛刺砂泥蜂寻找猎物时，的确不停地用像小手指一样的触角拍打地面。那些探测丝仿佛在指引昆虫去捕猎，但它们能同时指引昆虫旅行的方向吗？这存疑的一点，如今已经被我弄明白了。

我齐根剪断了几只高墙石蜂的触角，然后把它们带到其他地方放掉。但它们像其他的石蜂一样，很容易就返回了巢穴。我用同样的方法对我们地区最大的节腹泥蜂——栎棘节腹泥蜂做了实验，这种平时能捕捉象虫的节腹泥蜂也回到了它的地穴。由此，我可以完全摒弃触角具有指向能力的说法。如果这种能力不存在于触角上，它又能存在于什么地方呢？我也不知道。然而，失去了触角的石蜂，回到蜂房并不是马上恢复工作，而是盘旋在正在建造的蜂房前，休憩于石子上，停靠在蜂房旁的石井栏边。它们长久地凝视着没有完工的建筑物，看起来像是在悲伤地沉思。它们来来回回，赶走了所有的不速之客。可是，它们也没有运进蜜或者煤灰。到了第二天，它们彻底消失了。一旦没有了工具，工人就失去了工作的兴趣。触角是石蜂的精密仪器，如同建筑工人的圆规、角尺、水准仪、铅绳一样重要。砌窝时，它们需要用触角不断地拍打、探测、勘探，只有用触角才能把工作干得精确。

到目前为止，我只拿雌性石蜂做过实验。基于母性，它们对巢穴总是比雄蜂忠实得多。假如实验的对象是雄蜂，那么结果会如何呢？我总是不太信任这些爱拈花惹草的家伙，有那么几天，它们"一窝蜂"似的在蜂房前面等待雌蜂出来，为了占有情人而互相"争风吃醋"。然后，不管筑巢工程多么如火如荼地进行，它们都跑得无影无踪。我不明白，对它们而言，回到出生的蜂房或者在别处安居有什么差别，只要有老婆就行。没想到我居然想错了，它们也回窝了。由于它们比较弱小，我没有让它们飞太远，只有一千米左右。然而，对雄蜂来说，这也是一场在陌生场所里进行的远征。谁让我从来没见过它们长途跋涉呢！毕竟白天它们就观赏花朵或者参观蜂房，到了晚上就在荒石园的石堆缝里或者旧洞里藏身。

三叉壁蜂和拉特雷依壁蜂在石蜂丢弃的洞穴里建造房子，比较多的是三叉壁蜂。我要利用这个机会，好好了解一下方向感在膜翅目昆虫中的普及度——这可是个好机会。三叉壁蜂可是不论雌雄都会返回窝里的。我高效率地完成了一些短距离的实验，结果则与其他实验完全相符，所以我信服了。不论怎样，这些实验都证明，高墙石蜂、三叉壁蜂和节腹泥蜂这三种昆虫都可以返回巢穴。这些例子能否证明所有的昆虫都具有从陌生地方返回的特殊能力呢？我可不想这样草率。据我所知，有一种反例，非常能够说明问题。

在荒石园各式各样的实验品中，我的第一选择是著名的红蚂蚁。这种红蚂蚁好比人类中能捕捉奴隶的亚马孙人❶，但是它们不擅长哺育儿女，即使食物就在身边也不知道去哪里寻找。它们只能去寻找"用人"来伺候它们吃饭，为它们打理家庭生活。为此，红蚂蚁会去偷不同种类的蚂蚁邻居的蛹。这些蛹被运到窝里后，不久就会蜕皮，成为蚂蚁成虫，然后承担起红蚂蚁家族中繁重的家务活。

炎热的夏天的下午，我常常能看到这些蚂蚁的远征。蚁队能有五六米长。只要沿途没有什么值得注意的事情，它们就不会停止前进，一直保持队形。但是，一旦发现有蚂蚁窝的蛛丝马迹，领队的蚂蚁就会停下脚步，前排的蚂蚁乱哄哄地散开，又不能走远，只能在原地团团转。后排的蚂蚁大步跟上，这样便会越聚越多。当出去打探情况的侦察兵回来，证实情况是错误的，它们又排成一队前进。这些强盗穿过荒石园里的小路，消失在草丛中，过一会儿又在远一些的地方出现，然后钻进枯叶堆，再大摇大摆地爬出来，看起来是在盲目地寻找。

终于发现了目标——黑蚂蚁的窝，红蚂蚁们就兴冲冲地冲进黑蚂蚁蛹的宿舍，然后很快带着战利品出来。但是在地下城市的门口，黑蚂蚁也在奋力保护着自己的财产，红蚂蚁像强盗一样横冲直撞。这场战斗触目惊心，但是由于双方力量悬殊，胜利的果实毫无疑问是属

---

❶ 亚马孙人：希腊神话中的女战士族群。

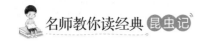

于红蚂蚁的。它们每一只都带着掠夺物，用大颚咬住还睡在襁褓里的蛹，匆匆忙忙地往回赶。如果读者不了解奴隶制习俗的话，这故事读起来一定相当有趣。可惜这个亚马孙人的故事跟昆虫回窝的主题相差太远，抱歉我不能再谈下去。

抢到了战利品的这伙强盗，去时的路途远近取决于附近有没有黑蚂蚁。如果走上十几步路，或者五十步路能碰到黑蚂蚁的巢穴，它们就会停下来。可是如果没碰到，它们可以走一百步路，甚至更远。有一次我就看见红蚂蚁攀越荒石园四米高的围墙，远征到荒石园之外远远的麦田处。走什么路，对这支所向披靡的队伍来说是无所谓的。草丛、枯叶堆、乱石堆、不毛之地、砌石建筑，它们都可以穿过。它们在道路的性质方面并没有偏好。

去时的路是不确定的，但是回来时的路却是确定不变的——必须原路返回。无论去时的那条路是多么曲折，要经过多少障碍，就算那是最难走的，回来时也必须重新面对。捕猎的偶然性使红蚂蚁常常要身不由己地选择非常复杂的路线。现在它们带着战利品回来了，依然是去时怎么走，回来时就怎么走。就算再辛苦，再危险，它们的路线也是绝对不会改变的。

假如它们穿过的是厚厚的枯叶堆，那么这条路对它们来说就是一条随时会失足掉下去的、布满深渊的魔障；一旦掉下去，就要从谷底爬上来，爬到摇摇晃晃、不稳固的枯枝桥上，最后还要走出迷宫。大部分红蚂蚁都会累得筋疲力尽。那又有什么关系？困难还是要克服的。即使负重增加了，它们依然会穿过这迷宫。要是它们能发现旁边有一条好路——十分平坦，离原来那条路几乎一步都不到，那就能减轻不少的疲劳。可是它们根本没有发现这条仅仅偏离了一点的路。

有一天，我把池塘里的两栖动物换成了金鱼。第二天，红蚂蚁们出去抢劫，恰好沿着池塘的护栏内侧，排成一个长队前进。没想到北风劲吹，从侧面向蚁队猛刮，把几排的"士兵"都吹到水里去了。金鱼连忙游过来，张开贪婪的大嘴把落水者都吃掉了。这是一条充满艰辛的道路，蚂蚁们还没过天堑呢，就牺牲了不少。我想，它们回来的时候该换一条别的路走了吧。可事情不是这样的，衔着蚁蛹的队伍还是走上了这致命的悬崖，金鱼便得到了天上掉下来的双倍食物——红蚂蚁以及它们嘴里衔着的猎物。红蚂蚁们宁愿被大量地消灭，也不肯选择一条新的道路。

红蚂蚁们一路远征，左兜右转，走相同的道路，一定是因为如果不这样就很难找到家。所以，红蚂蚁去时走哪条路，回来时还是要选择哪条路。如果它们不想迷路，就不能随随便便挑一条路走，它们必须走原来的那条路才能回家去。

毛虫从窝里爬出来，爬到另一根树枝上寻找那些更对胃口的树叶时，在行走的路上织了丝线，毛虫是顺着这条线返回窝中的。这条丝线是它们回家的线索，是只要出远门就可能找不到回家的路的昆虫所

☆阅读与写作

"爬""寻找""织""返回"等几个动词的运用，准确地写出毛虫是用"织线"的方法找到回家的路的。

能使用的最原始的方法。我们对靠原始方法回家的毛虫的了解，可比对那些靠特殊感官定位的石蜂等昆虫的了解要多得多。

但是，同属于膜翅目昆虫的红蚂蚁回家的方法却很有限，你看它们只能按照原路返回。难道它们也是在模仿毛虫吗？它们的身上没有能够吐丝的劳动工具，所以路上不会留下指路的丝。那么，它们是通过散发某种气味，比如蚁酸味，再通过嗅觉来给自己指路的吗？大多数人都同意这种说法。

如果说红蚂蚁是通过嗅觉来认路的，而这嗅觉器官就存在于动个不停的触角中，我不太赞同。首先，我不相信触角上会有嗅觉器官，理由已经说明过了。另外，我也希望借助实验来证明，红蚂蚁并不是靠嗅觉来指引方向的。

我花了整整几个下午来侦察我的红蚂蚁们出窝的情况，但是常常无功而返。于我而言，这太浪费时间了。我找了个不太忙的助手——我的孙女露丝，她对蚂蚁的事情非常感兴趣。她见过红蚂蚁大战黑蚂蚁，总是沉思红蚂蚁抢劫襁褓中的小孩一事。露丝的脑子里充满了崇高的责任感，十分骄傲于自己小小年纪就能够为科学这位贵妇人效劳。遇到好天气，露丝可以跑遍荒石园去监视红蚂蚁，仔细辨认着它们走到被抢劫的蚁窝的路。我十分信任她的热情。

一天，我正在写每天必写的笔记，露丝就"嘭嘭"地敲起实验室的门来。"是我呀！快来，红蚂蚁进了黑蚂蚁的窝，快来！" "你看清楚它们走的路了吗？" "是的，我还做了记号呢。" "怎么做的记号呀？" "像小拇指❶那样，我把白色的小石子撒在路上。"

我跑过去一看，发现正如这位六岁的合作者所说的那样，她事先准备了小石子，看到蚁队从兵营里出来，便一步步紧跟在后面。每当蚂蚁走过一段路，她就撒下一点石子。红蚂蚁们的抢劫活动已经结束了，现在正在原路返回中。离窝的距离还有一百来米的时候，我就已经胸有成竹地准备好了一切。

我用一把大扫帚把蚂蚁的路线统统扫干净，宽度有一米左右，把路上的尘土统统换成了其他的材料。如果原来的泥土上有什么味道的话，现在都已经被完全消除了。我打赌，蚂蚁们一定会晕头转向的。

---

❶ 小拇指：法国作家贝洛写的童话中的人物。

同时，我还把这条路的出口分割成彼此相隔几步路远的四个部分。

当蚂蚁们来到第一个切口的时候，它们显然相当犹豫，有的后退，再回来，再后退；有的在切口的正面徘徊不前；有的从侧面散开，好像要绕过这个陌生的地方。蚁队的先锋们开始还聚集在一起，后来就结成了几分米的蚁团，接着散开，宽度有三四米。但后续部队不断冲过来，导致场面十分混乱，蚂蚁们彼此堆在一起，乱哄哄的，不知所措。最后，有几只蚂蚁冒险走上了被扫过的那条路，其他的也紧随其后。也有少量的蚂蚁绕了个弯，走上了原来那条路。在其他的切口处，蚂蚁们同样犹豫不决，但是它们还是走上了原来的道路，只不过有些直接，有些间接。尽管我设了圈套，但还是没有骗过蚂蚁们，它们回到了自己的家。

这个实验似乎说明，嗅觉在帮助蚂蚁回窝这件事上起了很大的作用。凡是道路被割开的地方，蚂蚁们都表现出犹豫，同样的犹豫。仍然有一些蚂蚁从原路回来，大概是因为扫除得不彻底，一些有味道的粉末还留在原地。一些蚂蚁绕过了干净的地方，大概是受到了被扫到一旁的残屑的指引。因此，无论是赞成嗅觉的作用，还是反对嗅觉的作用，都必须在更好的条件下进行实验，要百分之百去掉所有有味的材料。

几天之后，我重新制订了计划，比上次要严谨一些。露丝观察了不久，又很快向我报告，蚂蚁出洞了。我早就已经猜到了。那是六月一个闷热的下午，暴风雨马上就要来临了。一般在这种时候，这些红蚂蚁都会出发远征。在蚂蚁行进的路上，还是撒满了石子，都是我选定的地方，我想这更有利于实现我的计划。我在池塘的一个接水口处接了一根用来在荒石园里浇水用的布管子。一打开阀门，汹涌的水流就冲断了蚂蚁的回路。那水流有一大步那么宽，长得没有尽头。就这样，大量的水冲刷地面达一个小时之后，红蚂蚁们带着战利品回来了。当红蚂蚁们走近这里时，我特意把水流调小，放慢了它的流速，减小了水的厚度。我故意为红蚂蚁设置了一个走原路不得不面对的障碍。当然，越过这障碍并不十分费力。

蚂蚁们真的犹豫了很长时间，那些走在队伍后面的蚁兵们都有时间爬到前面来跟排头兵聚集在一起。于是，它们踩着露出水面的卵石走进水流里。但是，脚下的基础一旦没有了，它们就会被水流卷走。可它们依然没有丢掉战利品，而是随波逐流，在水中的小洲上停靠。等到被冲到河岸边，它们又重新开始寻找可以涉水的地方。几根麦秸被水冲散，构成了蚂蚁们可以渡河的桥，虽然它们都摇摇晃晃的。另外一些散落在水里的橄榄树的枯叶则变成了木筏，运载带了太多战利品的乘客。有一些勇士靠着自己努力的跋涉和良好的运气，没有借助任何过河工具就到了对岸。我看到有一些蚂蚁被水流卷到河中间，离此岸或者彼岸都有一段不远的距离，它们就惊慌失措，不知如何是好。即使是在这溃不成军的一片混乱之中，也没有一只蚂蚁因为遭

遇了灭顶之灾而扔掉自己的战利品。它们就算死也要跟战利品死在一起。实验的结果就是蚂蚁们为了沿着原路返回而凑合着过了急流。

在这场实验中，我觉得路面上的气味问题基本可以排除在外了。那片土地在不久之前刚被急流冲刷过，之后又一直有水流过。就算是路上真的有蚁酸的味道，在被急流冲刷过之后也应该闻不出来了。在这种极端的情况之后，我还想试试另一种极端的情况：用另一种强烈的气味来遮盖住原来的气味，看看这样会有什么情况发生。

我在红蚂蚁即将返回的第三个路口处，用新鲜的薄荷叶把地面擦了擦。这片薄荷叶是我刚刚从花坛里摘下来的。远一点的路面上，我用薄荷叶覆盖。蚂蚁回来的时候，毫不在意地经过了擦过薄荷的区域，只是在盖着叶子的区域上犹豫了一下，就走过去了。经过这次实验，我发现嗅觉不是指引蚂蚁沿着原路回窝的线索，其他的一些实验应该会使我明白。

这次，我不改变地面的状况，只是用几张大报纸盖住路中央，压上几块小石头。这个像地毯一样的玩意彻底改变了道路的外貌，却一点都没有改变地面的味道。可是，蚂蚁居然在这个家伙面前犹豫了许久。比起我设计的其他诡计，甚至是急流，蚂蚁们这次要更加焦虑。它们从各个方向侦察，一再尝试前进和后退，试了许多次之后，才冒险走上了这片没见过的区域。等它们终于穿越过这片铺着报纸的地区，队伍才恢复正常行进。

在离这几张报纸不远的地方，有另一个圈套在等待着蚂蚁们：我用一层薄薄的黄沙把路切断，这块地原来是浅灰色的，如今变成了黄色。仅仅是颜色的改变，一样使蚂蚁们惊慌失措了许久。但是，最终这个障碍也被克服了，而且没用多长时间。

蚂蚁在纸张和沙带前面犹豫不决，停步不前，而除了颜色，报纸

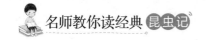

和黄沙的出现并没有改变路面的其他状况。这就说明蚂蚁能够找到回家的路并不是依赖嗅觉，而是视觉。

不论我用什么方法改变路的外貌，用薄荷叶盖住地面，用扫把扫地，用纸当作地毯把路面遮住，用水流冲刷地面，用不同颜色的沙子截断道路，回家的队伍总是会停下来，犹豫不决，不停地探索，想知道究竟发生了什么变化。对，是视觉。不过蚂蚁们视野非常狭窄，只要移动几个卵石就足够改变它们的视野了。由于视野狭窄，一层沙、一片薄荷叶、一条纸带，哪怕只是挥动一下扫把，甚至是更微小的改变，都会使蚂蚁眼中的景象面目全非。那些想带着战利品尽快回家的蚂蚁们就会停下来焦虑不安地等待。它们之所以能通过，都是因为在反复尝试通过的过程中，有些视力好的蚂蚁认出了这片区域，这是它们熟悉的、曾经穿越过的区域。而其他的蚂蚁相信这些视力好的蚂蚁，便勇敢地跟随它们走过去。

如果只是拥有视力，而没有对地点的精确记忆，这些蚂蚁依然不能顺利地回家。蚂蚁的记忆力跟人类的记忆力有什么区别呢？它究竟是什么样的呢？我无法回答。但是我只要用一句话就可以说明：只要是去过一次的地方，昆虫就会记得非常牢，更重要的是，它们记得准确。我多次见过这样的情形：被抢劫的黑蚂蚁向这些野蛮的"亚马孙人"提供了太多战利品，多得它们甚至拿不了。于是在第二天，或者是两三天之后，这支远征军会再次出发。这一次就不同于第一次的沿途寻找，它们会直接奔向拥有许多蛹的黑蚂蚁的窝，而且走的是第一次去时的那条路。

我曾经沿着"亚马孙人"前两天走过的路用小石子来设置路标。使我惊奇的是，它们两次走了相同的路！走过了一个石子又一个石子。我在它们走之前预测，它们会根据石子路标，从这里走，从那里过。果不其然，它们沿着我放置的石桥墩，从这里走，从那里过，甚至没有一点偏差。

已经过了那么多天了，难道气味能够一直留存在那里吗？谁都不能断然这样说。所以，指引"亚马孙人"的应该是视觉。当然，除了视觉，还应该有它们对地点的记忆力。这种记忆力能够持续很久，能保留到第二天，甚至更久。这种记忆力不见得比人类的记忆力差，正是凭借它，队伍才能走过高低不平的各种地面，完全沿着前一天走过的路行进。

除了对路面的超凡记忆力，红蚂蚁们有没有像石蜂那种在小范围内可以指向的能力呢？如果是不认识的地方，红蚂蚁们怎么办呢？它们能不能返回它们的巢穴或者跟它们的伙伴会合呢？

这支强盗军团还没有称霸整个荒石园，它们喜欢收获颇丰的北边，所以这群"亚马孙人"通常是把部队带到北边去抢掠。荒石园的南边很少能看到它们的踪影。可以说，它们对南边并不像它们对北边那样熟悉。现在我想试试，看在陌生的地方，红蚂蚁是如何行动的。

我站在蚂蚁窝附近，当部队捕猎奴隶归来时，我把一片枯叶放在一只红蚂蚁的面前让它自己爬上来。我没有碰到它，只是把它运到离部队两三步远的南边某个地方。对红蚂蚁来说，这足够使它离开熟悉的环境，彻底晕头转向了。我看到这只红蚂蚁大颚上衔着战利品，在地面上随意闲逛。它以为自己是在去跟伙伴们会合，其实它自己早就越走越远了。它尝试着各个方向，向北，向南，往回走，再走远去试试，朝着许多个方向探索过之后，它依然没有找到正确的路线。这个牙尖齿利的强盗迷路了，而且是在离队伍只有几米远的地方。我的印象里始终有这样几位迷路者，它们独自转悠了半个小时也没有找到大部队和回家的路，但是嘴上一直叼着来之不易的战利品。它们会怎么

样？它们要这战利品有什么用？我对这些强盗，而且是愚蠢的强盗没有什么耐心。

可以肯定的一点是，红蚂蚁没有其他膜翅目昆虫所拥有的指向器官，它们只有良好的记忆力而已。偏离原路几步远的距离，就足以使它们迷路，并且再也无法与家人团聚。但是，石蜂却可以穿越几千米陌生的天空。能够指认方向的奇妙感官只有几种动物拥有，人没有，我为此感到惊讶。毕竟两个比较项的差别这么大，难免引发争议。现在这种争议不存在了，因为我用两种非常接近的动物进行了比较——两种膜翅目昆虫。如果它们是一个模子里出来的，那为什么一种有那种神奇而特殊的感官，而另一种却没有呢？比起器官这种小问题来，多拥有一种感觉能力可是重要多了。我期待进化论者给我一个靠得住的理由。

我们前面已经看到，这群"亚马孙人"拥有良好的记忆力，记得不仅牢靠，而且长久。那这种记忆力究竟好到什么程度，以至于能够把路线如此久地铭刻在心里呢？"亚马孙人"到底是走了许多次这条路，还是只需要一次就足以令它们在脑子里刻下深刻的记忆呢？我没办法在这个方面进行实验。我不能确定红蚂蚁这次走的路线是不是它们第一次走的路线，也无法规定这支军队到底走哪条路。当红蚂蚁们远征去掠夺猎物的时候，它们看起来随心所欲，一直向前走，我没法干预它们朝哪个方向走。

现在，让我们看看别的膜翅目昆虫又是怎么行事的吧。

我选择了蛛蜂，之所以叫"蛛蜂"，是因为它捕捉蜘蛛。它先捉住蜘蛛，把它麻醉，作为自己幼虫未来的食粮，然后才去给幼虫挖掘巢穴。对蛛蜂来说，到手的猎物是一种沉重的负担，根本不能带在身边去寻找适合筑窝的地方。所以，它们习惯把蜘蛛放在草丛或者灌木丛上，以防像蚂蚁那样不劳而获的家伙们搞破坏——谁都可能在合法占有者不在时，把这个宝贵的猎物占为己有。把猎物放置在高处之后，蛛蜂就去寻找那些适合挖洞的地方。在挖掘期间，它也不会放松警惕，不时去看看自己的蜘蛛。它会咬咬它，拍拍它，庆幸自己猎到这么好的猎物，然后再回去继续挖掘洞穴。如果还是不时感到不安，它就会把猎物放在离自己近一些的地方——近一些的草丛上。它的过程是这样的。我找到了可以插手的环节，以了解蛛蜂的记忆力究竟好到什么程度。

当蛛蜂正在辛勤地为自己的幼虫挖洞穴时，我把它的猎物偷走，放在离原来的地方大概半米远的空地上。不一会儿，蛛蜂起身去看自己的猎物，它径直飞向原来的存放地。看起来它是那么有把握，它对自己去过的地方是那么熟悉。

我也不太清楚以前是什么情况，那么第一次远征不算吧，再来几次就更有说服力了。这次，它也毫不费力就找到了自己那只猎物原来的存放地。它在草丛上飞来飞去，仔细地探索，多次回到原来存放蜘蛛的地方。终于，它相信猎物已经不在那里，就用触角拍打地面，仍不放弃地慢慢探索着。突然，它瞥见蜘蛛就在离它不远的空旷的地方。它惊奇地向前走，然后突然后退，似乎是在想："这是死的吗？还是活着的？这是我之前的那只猎物吗？"最后自己得出结论："才不是呢！"

> **☆阅读与写作**
>
> 运用想象手法，具体刻画蛛蜂的心理活动，使文章形象生动又富于幽默感。

但是它没有容许自己犹豫太久，就咬住了蜘蛛，拉着它后退，再一次把它放到离原来的存放地只有两三步远的草丛上，又是高处。接着蛛蜂又返回自己的挖洞工作中去。

我趁着这个机会再一次挪动了猎物，把它放到了更远一点的光秃秃的地面上。在这种情况下就很容易考察蛛蜂的记忆力了。

有两片草丛都曾是猎物的临时存放地。因为曾经来过多次的关系，蛛蜂可以毫不犹豫地回到第一片草丛那里。但是第二片草丛，它只去过一次，留下的印象肯定是很浅的。它没怎么考虑就选择了它，毕竟它只是把蜘蛛挂上去而已。这个地方一定是它第一眼看到的，而且它只是匆匆经过。那么迅速的一瞥，能使它记住这个地方吗？除此之外，蛛蜂也极有可能搞混第一片草丛和第二片草丛。

现在它已经离开了地穴，想要再一次确认蜘蛛。它径直向第二片草丛飞去，它在那里找了很久都没有找到蜘蛛的影子。它知道蜘蛛是被放在这里的，坚持在这里寻找，完全没有打算去第一片草丛那里。它在那片光秃秃的地方找到了它的猎物。蛛蜂迅速找好第三片草丛来安放自己的猎物。

我又开始了第三次实验。这次，蛛蜂也完全没有犹豫，直接向第三片草丛奔去。它的记忆力是如此可靠，以至于它对前两片草丛完全不屑一顾。接下来的两次实验，蛛蜂也都是回到了最后一次的存放地。我对这孩子的记忆力赞叹不已。人的记忆力能有这么好吗？我完全怀疑一个人对于匆匆忙忙看过一次的地方，第二次还能清楚地回忆起来，更何况蛛蜂还一直在地下辛苦地工作。如果我们认为红蚂蚁也有这样的记忆力的话，那么它始终沿着同一条路返回巢穴就没有什么值得惊奇的了。

这样的测试也包含了其他的一些成果。蛛蜂在相信蜘蛛已经不在原来的地方的情况下，便四处寻找，很顺利就能找到，原因在于我把蜘蛛放在了空旷的地方。一旦增加一点难度——我用手指头把土面按出一个洞，把蜘蛛放进去再盖上一片叶子，这只蛛蜂便从叶子上过去，走来走去都不会发现蜘蛛就在下面。可见，指引蛛蜂的是视觉而非嗅觉。虽然它的触角不停地拍打着地面，可我不认为这个器官能够起到闻嗅的作用。我还要补充一点：蛛蜂的视力实在很差，连离它只有两寸远的蜘蛛都发现不了。

昆虫 小百科

昆虫名：红蚂蚁

种　　类：众多体色为红色的蚂蚁的统称。

形态特征：红蚂蚁体长大约三毫米，触角和腿有刺毛。

扫码立领
•本书内容导读
•写作方法专题
•阅读学习资料

萤火虫的习性

小 灯

萤火虫最引人注意的就是它身上的那一盏灯。

雌性萤火虫的发光器官生长在它腹部最后三节的位置。在前两节中的每一节下面发出光来，形成了宽宽的光带，而位于第三节的发光部位比前两节要小得多，只是有两个小小的点，这两个小点发出的光亮可以从背面透射出来，因而在这个小昆虫的背部和腹部都可以看得见光。从这些宽带和小点上发出的光是淡蓝色的、很明亮的光。

而雄性萤火虫则不一样，它与雌性萤火虫相比，只有尾部最后一节处的两个小点发光。雄性萤火虫几乎从生下来以后就有这两个发光的小点了。此后，随着萤火虫的成长，发光点也随着身体的生长不断地长大。这两个小点无论从身体的背部，还是腹部，都可以看见，在萤火虫的一生中都不改变。但是雌性萤火虫所特有的那两条宽带子则不同，它们只能在下面发光。这就是雄性萤火虫和雌性萤火虫的主要区别之一。

　　但最让人感兴趣的还是萤火虫身上的这两个点为什么会发光。我用显微镜来看，在萤火虫身子后半部分的表皮上，有一种白颜色的涂料，形成了很细很细的粒形物质。原来，光就是发源于这个地方。这些物质的附近更是分布着一根短而粗的气管，气管上面分布着很多分支。分支散布在发光物体上面，有时还深入其中。这些分支连接着萤火虫的呼吸器官。

　　世界上有一些可燃的物质，当它们和空气混合以后，就会发生"氧化作用"，发出亮光，有的时候，甚至还会燃烧，产生火焰。萤火虫的体内藏有很多这样的可燃物质。当萤火虫呼吸的时候，氧气就顺着主干和分支进入它的体内，氧化了可燃的物质，从而发出了微弱的光。这些物质燃烧殆尽时，就在它身体表面形成了白色涂料。

　　但是，另外有一个问题，我们是知道得比较详细的。我们清楚地知道，萤火虫完全有能力调节它随身携带的亮光。也就是说，它可以随意地将自己身上的光放亮一些，或者是调暗一些，或者是干脆熄灭它。

　　萤火虫不仅能够点亮身上的灯，而且还能自由地调节灯的亮度。当萤火虫身上的细管里面流入的空气量增加了，身体获得的氧气会更多一些，这样光就会变得强一些；如果萤火虫阻止空气流入体内，光就会减弱，甚至消失。这种本领不仅仅是为了表现自己的技艺高超，更重要的是能够应对外来的危险。

　　萤火虫点亮自己的灯，其实也就暴露了行踪。当它发现有危险靠近自己的时候，它就可以通过减弱灯光或者熄灭灯光来让自己隐藏在漆黑的夜色中。这一点我深有体会。明明就在刚才，我清清楚楚地看见它在草丛里发光，并且飞旋着。但是，只要我的脚步稍微有一点不经意，发出一点声响，或者是我不知不觉地触动了旁边的一些枝条，

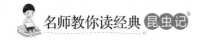

☆阅读与写作

一则表明作者的动作轻微，再则突出表现了萤火虫感觉的灵敏。

那个光亮立刻就会消失掉，萤火虫自然也就不见了。

但奇怪的是，即便是极大的惊吓与扰动，都不会对雌性萤火虫光带的亮度产生多么大的影响。不信的话，你可以把一只雌性萤火虫放在一个铁丝笼子里，空气是完全可以流通的，然后你可以任意制造噪声，就算是爆炸声也行。雌性萤火虫好像聋了一样，什么都没有听见似的，光带亮度如故。你还可以用喷雾器将水雾洒在它身上，结果还一样，光带依然明亮。不过有一种情况例外：如果你往笼子里面灌入烟，光带亮度马上就减弱了。等到烟雾全部散去以后，那光带便又亮了起来，而且亮度更强。假如把它拿在手掌上，然后轻轻地一捏，只要你捏得不是特别重，那么，它的光亮并不会减少多少。

我把一块表皮从发光层上剥离下来，并放进了玻璃管内，管口用湿棉花塞住以减缓蒸发。这时候这块表皮依然在发光，虽然不像在萤火虫身上那么明亮，但它确确实实没有熄灭。我把同样的表皮放进含有空气的水里时，情况也是这样。当我把它放进经过反复煮沸已经没有了空气的水里后，情况才出现了变化——光熄灭了。这就是说，萤火虫的发光是氧化的结果，只要与空气接触，即使这空气不是通过气管输入的，它依然可以发光；与空气隔绝时，氧化无法进行，它也就无法发光了。

麻 醉

从萤火虫的光来看，它似乎是一个纯洁、善良、可爱的小动物。但是，在这里，我不得不揭穿它。事实上，它是一个凶猛无比的肉食动物。

　　它是一个非常爱吃肉的家伙。它在捕猎的时候会不择手段。通常，它俘虏的对象是一些蜗牛。让我们来看看萤火虫捕食的方法是怎样的吧。

　　它在确定了捕捉的对象以后，就给猎物打一针麻醉药，使这个小猎物失去知觉，从而也就失去了防卫抵抗的能力。然后，它再来慢慢享用这个战利品。在夏天非常潮湿的时候，你就会发现在路旁边的枯草或者是稻秆上，聚集着大群蜗牛，它们可能是被太阳烤得不行，爬到这些地方来乘凉了。它们在那里一动不动，好像睡着了一样。它们在做着自己的美梦，却不知道危险正在向自己靠近。萤火虫就是趁着蜗牛麻痹大意时来突袭的。

　　除了枯草和稻秆这些地方，蜗牛也常到一些又阴冷又潮湿的沟渠附近去乘凉。正好，萤火虫可以轻轻松松地捕获猎物，尽享几顿山珍野味了。通常在这些地方，萤火虫直截了当，把蜗牛就地处决，省得到手的鸭子飞了。

我曾经在自己家里面设计了一个实验，来观察萤火虫和蜗牛之间的恶战。我拿了一个大玻璃瓶，瓶子里面塞进一些草，这样就能制造出大自然的感觉；再往里边放进几只萤火虫，还有一些蜗牛。我取的蜗牛大小适中，因为太大的蜗牛，萤火虫可能没有办法猎取。这一切准备工作就绪以后，我们所需要继续进行的工作就是等待，而且必须要耐心地等待。

攻 击

嘘！好戏上演了。萤火虫已经开始注意到蜗牛的动静了。你看看蜗牛吧，它给自己穿上一件硬硬的马甲——它背上的壳子，只露出外套膜的边缘，它的头和脖子就是从这里伸出来的。那位猎人跃跃欲试，准备发起总攻了。它先做的事情，就是把自己身上随身携带着的兵器迅速地抽出来。

萤火虫的兵器非常小，所以一般不会引起对手的注意。萤火虫的身上长有两片大颚，它们弯曲成钩状，尖利又细小，像一根毛发一样。如果把它放到显微镜下面观察，就可以发现，在这把钩子上有一条沟槽。如此而已，这件武器并没有什么其他更特别的地方。然而，这可是一件有用的兵器，是可以置对手于死地的夺命"宝刀"。

萤火虫拿着自己这把锐利的兵器，在蜗牛的外膜上面东扎西刺，将蜗牛杀死。尽管它的手段如此残忍，但是它在狩猎的时候，表面上看来却像绅士一样温文尔雅，风度翩翩，好像它并不是攻击它的食物，倒像是两种动物在亲昵地接吻一般。

☆**阅读与写作**

　　用比喻的修辞手法表现萤火虫是一种外表优雅而内心残忍的昆虫。

萤火虫在"亲吻"蜗牛时，有着自己的花招。你会看到它不慌不忙，有条有理。它每"吻"一次，就是在给蜗牛注射一次麻醉剂。每次注射以后，它总是要停下来一小会儿。萤火虫"吻"的次数并不是很多，最多六次。这么几下就能让蜗牛动弹不得，失去了一切知觉，任凭萤火虫摆布了。有时候，萤火虫为了保险起见，还要再"吻"几次。

萤火虫轻轻地"吻"几下，就足以使蜗牛失去知觉。我的依据是我曾经做过的一次小小的实验。

在一只萤火虫进攻一只蜗牛的时候，当萤火虫"吻"了四五次以后，我马上把那只受了攻击的蜗牛拿到安全的地方。然后，我用一根很小很小的针去刺激这只蜗牛的肉。但是被我刺到的肉，竟然一点也没有收缩的迹象。这就已经很清楚地表明，此时此刻，这只蜗牛已经一点活气也没有了。它是不会感觉到痛苦的，它已经到极乐世界去了。

跟 法布尔 学 观 察

　　法布尔运用了一些科学探究的方法，比如，将雌性萤火虫放入一个铁丝笼子里，或制造噪声，或用喷雾器喷洒水雾，或把烟灌到笼子里，或用手指捏，通过制造不一样的外在条件，观察在不同的情况下，光带亮度的变化情况。作者敏锐的观察能力、分析能力和解决问题的能力不得不让人佩服。

扫码立领
· 本书内容导读
· 写作方法专题
· 阅读学习资料

我的观察笔记

在对事物的观察和实验中，写好观察笔记是十分重要的，这有助于我们更有条理地整理思路。做表格就是写观察笔记的重要形式之一。

实验目的： 探究脱离控制的萤火虫发光带发光的条件

实验工具： 从萤火虫发光层上剥离下的表皮、玻璃管、湿棉花、有空气的水、没有空气的水等

实验步骤	实验现象	结论
把表皮从发光层上剥离，放进玻璃管内，并用湿棉花塞住。	表皮仍在发光。	萤火虫的发光是氧化的结果。只要与空气接触，即使这空气不是通过气管输入的，它依然可以发光；与空气隔绝时，氧化无法进行，它也就无法发光了。
把同样的表皮放进含有空气的水里。	表皮仍在发光。	
把同样的表皮放进反复煮沸没有空气的水里。	表皮的光熄灭了。	

蟋蟀——小心翼翼的歌者

在我住所的附近地区，生活着三种不同的蟋蟀。

这三种蟋蟀，无论是外表、颜色，还是身体的构造，和一般田野里的蟋蟀都是非常相像的。人们刚一看到它们，就经常把它们当成田野中的蟋蟀。然而，就是这些由一个模子刻出来的同类，竟然没有一个晓得，究竟怎样才能为自己挖掘一个安全的住所。

其中，有一种身上长有斑点的蟋蟀，它只是把家安置在潮湿地方的草堆里边；还有一种十分孤独的蟋蟀，它在园丁们翻土时弄起的土块上寂寞地跳来跳去，像一个流浪汉一样；更有甚者，如波尔多蟋蟀，甚至毫无顾忌、毫不恐惧地闯到了我们的屋子里来，而不顾主人的意愿。从八月到九月，它独自待在那既昏暗又凉爽的地方，小心翼翼地唱着歌。

在那些青青的草丛之中，常常隐藏着一条有一定倾斜度的隧道。在这里，即便是下了一场滂沱的暴雨，地面也会立刻就干了。这条隐蔽的隧道，最多9法寸（1法寸约等于27.07厘米）深的样子，宽度也就像人的一根手指头那样。隧道按照地形的情况和性质，或是弯曲，或是笔直。如同定律一样，总是要有一簇草把这间住屋半遮掩起来，其作用是很明显的，它如同一个罩壁一样，把进出洞穴的孔道遮蔽在黑暗之中。蟋蟀在出来吃周围的青草的时候，绝不会去碰一下这一簇草。那微斜的门口，仔细用扫帚打扫干净，收拾得很宽敞。这里就是它的一座平台。每当四周很宁静的时候，蟋蟀就会悠闲自在地坐在这里，开始演奏它的提琴了。多么温馨的仲夏消暑音乐会呀！

为了科学研究，我们可以很坦率地对蟋蟀说道："把你的乐器给我们看看。"

蟋蟀的乐器是非常简单的。它和螽斯的乐器很相像，根据同样的原理，它不过是一张弓，弓上有一只钩子，以及一种振动膜。它的右翼鞘差不多完全遮盖着左翼鞘，只除去后面和转折包在体侧的一部分，这种样式和我们原先看到的蚱蜢、螽斯及其同类的相反。蟋蟀是右边的盖着左边的，而蚱蜢等是左边的盖着右边的。两个翼鞘的构造是完全一样的，知道一个也就知道另一个了。它们分别平铺在蟋蟀的身上，在旁边，突然折成直角，紧裹在身上，上面还长有翅脉。

如果你把两个翼鞘揭开，然后朝着亮光仔细地看，你可以看到它是极其淡的棕红色，除去两个连接着的地方，前面呈一个大的三角形，后面呈一个小的椭圆形，上面生长有模糊的皱纹，这两个地方就是它的发声部位。这里的皮是透明的，比其他地方的要更加紧密些，只是略带一些烟灰色。围绕着空隙的两条脉线中的一条呈肋状。切成钩的样子的就是弓，它长着约一百五十个锯齿，呈三棱柱状，整齐得几乎符合几何学的规律。

这的确可以说是一件非常精致的乐器。弓上的一百五十个锯齿，嵌在对面翼鞘的梯级里面，使四个发声器同时振动。下面的一对直接摩擦，上面的一对是摆动摩擦的器具。它只用四个发声器就能将音乐传到几百米远的地方，可以想象这声音是多么洪亮啊！

它的声音可以与蝉清澈的鸣叫相媲美，并且没有后者粗糙的声音。比较来说，蟋蟀的叫声要更好听一些，这是因为它知道怎样调节

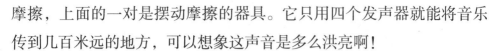

☆阅读与写作

　　将蟋蟀和蝉的叫声做对比，突出了蟋蟀叫声的美妙。

它的曲调。蟋蟀的翼鞘向着两个不同的方向伸出，所以非常开阔。这就形成了制音器。如果把它放低一点，就能改变声音的强度。根据制音器与蟋蟀柔软的身体接触程度的不同，它可以一会儿发出柔和、低声的吟唱，一会儿又发出极高亢的声调。

蟋蟀身上两个翼盘完全相同，这一点是非常值得注意的。我可以清楚地看到上面右琴弓的作用和四个发音地方的动作。但下面的那一个，即左翼的弓又有什么样的用处呢？它不被放置在任何东西上，没有东西接触着同样装饰着齿的钩子。它是完全没有用处的，除非能将两部分器具调换一下位置，那下面的可以放到上面去。如果这件事可以办到的话，那么它的器具的功用还是和以前相同，只不过这一次是利用它现在没有用到的那只弓演奏罢了。下面的弓变成上面的，但是它所演奏出来的调子还是一样的。

最初我以为蟋蟀的两只弓都是有用的，至少它们中有些是用左面那一只的。但是观察的结果恰恰与我的想象相反，我所观察过的蟋蟀（数目很多）都是右翼鞘盖在左翼鞘上的，没有一只例外。

我甚至用人为的方法来做这件事情。我非常轻巧地用我的钳子，使蟋蟀的左翼鞘放在右翼鞘上，绝不碰破一点皮。只要有一点技巧和耐心，这件事情是容易做到的。事情的各方面都做得很好，翼鞘没有脱落，翼膜也没有皱褶。

　　我很希望蟋蟀在这种状态下仍然可以尽情歌唱，但不久我就失望了，它开始恢复到原来的状态。我一而再、再而三地摆弄了好几回，但是蟋蟀的顽固终于还是战胜了我的摆布。

　　后来我想这种实验应该在翼鞘还是新的、软的时候进行，即在幼虫刚刚蜕去皮的时候。我得到一只刚刚蜕化的幼虫。在这个时候，它未来的翼和翼鞘形状就像四个极小的薄片，它短小的形状和向着不同方向平铺的样子，使我想到面包师穿的那种短马甲。这幼虫不久就在我的面前脱去了这层衣服。

　　小蟋蟀的翼鞘一点一点长大，这时还看不出哪一扇翼鞘盖在上面，后来两边接近了，再过几分钟，右边的马上就要盖到左边的上面去了，这时是我加以干涉的时候了。

　　我用一根草轻轻地调整其鞘的位置，使左边的翼鞘盖到右边的上面。小蟋蟀虽然有些反抗，但最终我还是成功了。左边的翼鞘被推向前方，虽然只有一点点。于是，我放下它，翼鞘逐渐在变换位置的情况下长大，蟋蟀逐渐向左边发展了。我很希望它能使用它的家族从未用过的左琴弓来演奏出一曲同样美妙动人的乐曲。

　　第三天，它就开始了。我先听到几声摩擦的声音，好像机器的齿轮还没有切合好，正在调整一样。然后调子开始了，还是它那种固有的音调。

　　唉，我过于信任我破坏自然规律的行为了。我以为已造就了一位新式的奏乐师，然而我一无所获。蟋蟀仍然拉它右面的琴弓，而且常常如此拉。它拼命努力，想把我颠倒放置的翼鞘放回原来的位置，弄得肩膀都脱臼了。现在，它已经过自己的几番努力与挣扎，把本来应该在上面的右翼鞘又放回了原来的位置上，应该放在下面的左翼鞘仍放在了下面。我想把它做成左手的演奏者的方法是缺乏科学性的，它以它的行动来嘲笑我的做法。最终，它的一生还是以右手琴师的身份度过的。

乐器已讲得够多了，让我们来欣赏一下它的音乐吧！

蟋蟀是在自家门口唱歌的，而且是在温暖的阳光下，从不躲在屋里自己欣赏。翼鞘发出"克力克力"柔和的振动声。音调圆满，非常响亮，明朗而精美，而且延长之处仿佛无休止一样，整个春天寂寞的闲暇就这样消遣过去了。这位隐士最初的歌唱是为了让自己过得更快乐些。它在歌颂照在它身上的阳光，供给它食物的青草，给它遮蔽风雨的隐蔽所。它拉弓的第一目的，是歌颂它生存的快乐，表达它对大自然恩赐的谢意。

到了后来，它不再以自我为中心了，它逐渐为它的伴侣而弹奏。但是据实说来，它的这种关心并没收到感恩的回报，因为到后来它和它的伴侣争斗得很凶。除非它逃走，否则它的伴侣会把它弄成残废，甚至吃掉它一部分肢体。不过无论如何，它不久总要死的，就算它逃脱了好争斗的伴侣，在六月里它也是要死亡的。

听说喜欢听音乐的希腊人，常将蝉养在笼子里，好听它歌唱。然而我不信这回事，至少是表示怀疑。

第一，蝉发出的略带烦嚣的声音，如果靠近听久了，耳朵会受不了。希腊人的听觉恐怕不见得爱听这种粗糙的、来自田野间的音乐吧！

第二，蝉是不能被养在笼子里面的，除非我们连油橄榄或梧桐树一齐都罩在里面。因为只要关一天，这种喜欢高飞的昆虫就会厌倦而死。

希腊人将蟋蟀错误地当作蝉，好像将蝉错误地当作蚱蜢一样，并不是不可能的。如果如此形容蟋蟀，那么是有一定道理的。蟋蟀长住在家里的生活使它能够被饲养，它是很容易满足的。只要它每天有莴苣叶子吃，就是被关在不及拳头大的笼子里，它也能生活得很快乐，不住地叫。雅典小孩子挂在窗口笼子里养的，不就是它吗？

普罗旺斯的小孩子，以及南方各处的小孩子，都有同样的嗜好。至于在城里，蟋蟀更成为孩子们的珍贵财产了。

这种昆虫在主人那里受到各种恩宠，享受各种美味佳肴。同时，它也以自己特有的方式来回报好心的主人，不时地为他们唱起乡下的快乐之歌。因此，它的死能使全家人都感到悲哀，这足以说明它与人类的关系是多么亲密了。

我们附近的其他三种蟋蟀，都有同样的乐器，不过细微处有一些不同。它们的歌唱在各方面都很像，不过它们身体的大小各有不同。波尔多蟋蟀有时候到我家厨房的黑暗处来，是蟋蟀一族中最小的，它的歌声很细微，必须侧耳静听才能听得见。

田野里的蟋蟀在春天有太阳的时候歌唱，在夏天的晚上，我们听到的则是意大利蟋蟀的声音了。

意大利蟋蟀是一种苍白瘦弱的昆虫，颜色十分浅淡，似乎和它夜间行动的习惯相吻合。如果你将它放在手指中，你就会怕把它捏扁。它喜欢待在高一点的地方，在各种灌木里，或者是比较高的草上，很少爬到地面来。在七月到十月炎热的夜晚，它甜蜜的歌声从太阳落山起，持续至半夜也不停止。

> **☆阅读与写作**
>
> 从外貌、体质、生活习性和叫声等方面说明了意大利蟋蟀的特点。

普罗旺斯的人都熟悉它的歌声，最小的灌木叶下也有它的乐队。很柔和很缓慢的"格里里、格里里"的声音，加以轻微的颤音，格外有意思。如果没有什么事打扰它，这种声音将会一直持续并不改变。但是，只要有一点声响，它就会变成迷惑人的歌者。你本来听见它在你面前很靠近的地方，但是忽然你听起来，它已在二十步以外的地方了。但是如果你朝着这个声音走过去，它却并不在那里，声音还是从原来的地方传过来的。其实，也并不是这样的。这声音是从左面，或者是右面，还是从后面传来的呢？一个人完全被搞糊涂了，简直辨别不出歌声发出的地点了。

这种距离不定的幻声，是由两种方法造成的：声音的高低与抑扬，根据下翼鞘被弓压迫的部位而不同；同时，它们也受翼鞘位置的影响。如果要发较高的声音，翼鞘就会抬得很高；如果要发较低的声音，翼鞘就低下来一点。淡色的蟋蟀会迷惑来捕捉它的人，用它颤动板的边缘压住柔软的身体，以此将来者搞昏。

在我所知道的昆虫中，没有谁的歌声比它的更动人、更清晰。在八月夜深人静的晚上，可以听到它的演奏。我常常俯卧在迷迭香旁边的草地上，静静地欣赏这种悦耳的音乐，那种感觉真是十分惬意。

蟋蟀们聚集在我的小花园中，在每一株开着红花的野玫瑰上，都

有它们的身影，薰衣草上也有很多。野草莓树、小松树也都变成了音乐场所。蟋蟀的声音十分清澈，富有美感，特别动人。所以，在这个世界中，从每棵小树到每根树枝上，都飘出颂扬生存的快乐之歌，简直就是一曲动物之中的"欢乐颂"！

在我头顶上，天鹅星座闪烁于银河之间。而在地面上，围绕着我的，有昆虫快乐的歌唱，时起时息。微小的生命诉说它的快乐，使我忘记了星辰的美丽，我已然完全陶醉于美妙的音乐世界之中了。那些天眼，向下看着我，静静的，冷冷的，一点也不能打动我内在的心弦。为什么呢？因为它们缺少一个大的秘密——生命。确实，我们的理智告诉我们：那些被太阳晒热的地方，同我们的世界一样。不过终究说来，这种信念也等于一种猜想，这不是一件确定无疑的事。相反地，蟋蟀让我感到生命的活力，这是我们土地的灵魂。这就是为什么我不看天上的星辰，而将注意力集中于它们的夜歌。

一个活着的微点——小小的生命的一粒，它的快乐和痛苦，比无限大的物质更能引起我无限的兴趣，更能打动我！

昆虫 小 百 科

昆虫名：蟋蟀

别　　名：促织、趋织、蛐蛐儿等。

种　　类：种类很多，最普通的为中华蟋蟀，体长约二十毫米。

生活习性：蟋蟀性格孤僻，喜欢独立生活，彼此间不能容忍，经常因为一点小事而大打出手。尤其是两只雄性蟋蟀，一旦碰到一起，必会咬斗起来，不将对方咬伤决不肯罢休。

蓑蛾和它的产卵

　　春季来临的时候，无论是在灰蒙蒙的小路上，还是在破旧的城墙壁上，都会有一些奇怪的现象让我们费解。究竟是怎么回事呢？就像受到什么惊吓似的，原本静止着的一些小柴捆突然间晃动起来。我们可以看到在柴捆里面有一条黑白色的小毛虫，看起来挺漂亮的，长得也有点粗壮。待在柴捆里的它就好像发动机一样，带着柴捆行动。小毛虫的前半身有六只爪子，它只将自己身体的一部分伸出柴捆，也就是一半的身体和一个脑袋。一旦发现外界有动静，它就会立刻将全部身体都缩回柴捆，一动也不动。这个小东西的行为有什么目的呢？原来，它是在为自己将要发生巨大变化的身体寻找最合适的地点，才钻到柴捆里四处游荡的。这也是柴捆会动弹的原因。

　　为了让自己的身体不受伤害，在发生变化之前，毛虫让自己躲在柴捆之中。柴捆虽然简陋，但也是一个不错的避难所。毛虫会一直躲在这个临时搭建的小屋子里，直到身体蜕变之后才会将它抛弃。这个小屋子的里层是由棕色呢制成的。这种材料十分罕见，毛虫在里面就像穿着隐身衣似的，非常安全。这个小房子比流浪者的麦秸顶篷马车要好得多。当然，这些由零散的小树枝搭建编织起来的外衣的确有些扎身，特别是对毛虫娇嫩的身子来说，更是如此。不过没关系，因为毛虫已经为自己编织了一层厚厚的丝绒里子。生活在多瑙河岸的农民们系着海生灯芯草腰带，而且还穿着用山羊毛制成的宽袖外套。锯角叶甲幼虫穿着陶瓷般的衣服。与他们相比，毛虫的柴捆外衣就显得更加质朴了。

这些钻在柴捆里面的小毛虫是蓑蛾家族的成员。"蓑蛾"一词是灵魂的意思，暗指古时候的普塞克❶。

由于为昆虫专业词汇分类的那些人目光不长远，他们并没有真正弄清"蓑蛾"这个词的意思，只是想取一个雅致一点的名字，所以"蓑蛾"这个名称就显得有些名不副实。不过他们也的确找不到这以外的其他名字了。

在毛虫身体临近蜕变之时，它们通常会显得昏昏沉沉。我找到了一个最佳的观测场所，那就是阿尔邦❷卵石地，毛虫在这里成堆地聚集着。这时候正值四月，这些毛虫能够让我更好地对蓑蛾进行研究。由于现在还不能观察到其他的现象，所以我想先对柴捆进行一番探索。

毛虫将自己的身体吊起，柴捆看起来像一个纺锤的形状，有大约四厘米的长度，前段是固定着的，后面的部分则比较松垮，因为这样的方式比较容易活动。整个柴捆编织得有条有理，非常整齐。但这貌似不是一个能够很好地挡风遮雨的房子，因为这里并没有其他的遮蔽物，除了用麦秸制成的房顶。不过，我对这个柴捆只是进行了大致的

❶普塞克：蓑蛾的法文音译，在希腊神话和罗马神话中，普塞克是人类灵魂的化身。
❷阿尔邦：此处指法国的一个城镇。

观察，大概"麦秸"这个词并不适合用在这里。事实上，禾本科植物的茎秆很少被用到，而这是有益于蓑蛾家族将来的发展的。

我没有在中间是空着的小栅条内找到任何一件适合蓑蛾的物品。那里堆积着乱七八糟的东西：有蒴果的花葶和山柳菊；有禾本科植物的叶子、带鳞片的细枝和小块的木柴——当然木柴这种材料是在迫不得已的情况下才会被选用的；还有一些含有髓质的残渣，就像各式各样的菊苣那样，它们看起来非常轻薄、细嫩、小巧。有时候荷叶边上的宽大物体也会派上用场，这种物质可以被用在柴捆膜上，这是圆柱体零件的短缺造成的。总的来说，不论什么东西，只要能够将柴捆建造或缝补成功，蓑蛾都会用到。

蓑蛾对编织房屋的物质没有太多特殊的要求，除了对含有髓质物质的偏爱。我在上面所举出的例子并不全面，蓑蛾的毛虫认为任何物质都有其用途，所以它们总是会不加区别地对待这些东西。毛虫不会对找来的材料进行特别的加工，无论长度如何，也无论形状怎样，只要是干燥的、轻薄的、面积大小合适的，而且能够在空气中长期保存的，都可以。就连屋顶上方的板条，它们也不会对其进行切割，而只是原汁原味地将它们收集并且排列组合。它们将板条呈叠瓦状排列，一根接着一根。它们只要把这些板条的前段固定下来就可以了。

在柴捆的前端部分并没有由小梁形成的覆盖层，那里有着比较特殊的结构。因为覆盖层比较坚硬，而且也比较长，所以有可能使毛虫不能灵便地活动与劳作，甚至会完全阻碍毛虫的行动。为了保证毛虫在放置新材料时脚能够自由活动，柴捆的前端需要有非常灵活的结构。这就是一个圆筒似的颈状物，它能够让毛虫在任何一个方向上进行劳作而不受到丝毫妨碍。

颈状物上面布满了细小的木块，它们对柴捆的牢固程度有着适当的加固作用，同时也不会降低柴捆的韧性。蓑蛾的毛虫会用自己的大颚将原本干燥的麦秸磨碎，然后用其残渣制成一个有茸毛的外壳，而颈状物的内部是由纯丝做成的。丝绒在风吹日晒之后褪去了原有的光润与丝滑，看起来有些陈旧。柴捆的尾部非常长，裸露着。其实这个部位只是一个附属品，它的顶端呈半开状。颈状物整体上呈丝质的网状结构，由于它能够让毛虫自如地进行活动，所以几乎所有的毛虫都会利用它。每只毛虫的柴捆前端都会有这么一个摸上去很柔软，而且也易于弯曲的颈状物。无论各个毛虫柴捆的其他部位有多大的不同，颈状物这个东西都是不可或缺的。

接下来，我想了解一下构成柴捆的栅条数量，因此我必须把柴捆一个个地拆掉。栅条被拆解后，我发现里面是一个空心的圆柱体，从前到后，每个柴捆都是如此。我能够很清楚地辨认出圆柱体的两端，它们都裸露在外面，有着非常结实的丝质组织，用手指根本不能将它们拉断。这种丝质组织的外部呈灰色，比较粗糙，还有一些小木片嵌在上面；内部则是白色的，细腻光滑。构成不同柴捆的栅条数目各不相同，有的柴捆甚至由八十根以上的栅条构成。

那么，蓑蛾的毛虫是用什么技巧来为自己制作这个柴捆外衣的呢？我对这个问题进行探索的时机到来了。由于毛虫细嫩的皮肤需要与柴捆的内里直接接触，这层内里必须格外柔软与光滑，它们是由丝绒和其他一些合成材料组成的。合成材料是一种覆盖着一层灰粉的木质棕色粗呢。这种物质不仅能够使柴捆变得结实牢靠，而且能节约丝的使用。此外，由叠瓦状排列的板条所形成的瓷器也是这层内里的组成部分。

我至今发现的蓑蛾有三个种类，虽然它们在柴捆的三重基本布局上都保持着一致，但是不同的柴捆在细节方面有着很大的差异。像第二种蓑蛾的柴捆就在细节上与其他两类蓑蛾所造柴捆有着不同之处。这种蓑蛾的柴捆无论是在大小上还是在建造的整齐程度上，都胜过了另外两个种类所造的柴捆。

我是在六月底发现这类蓑蛾的，它们藏在一条满是尘土的小路上。它们的柴捆有着非常厚密的覆盖层，有很多的小木块镶嵌其中。一般的蓑蛾在身体的前段总会有用枯叶做成的一个类似头巾的东西，看上去有些笨重。这种头巾在第一种蓑蛾身上非常常见，它们作为装饰物已经变得非常流行了。但是，我在新近发现的这种蓑蛾身上并没有找到这种头巾。不仅如此，这种蓑蛾身体的后部也没有裸露着的部位。除了颈状物这种不可缺少的部分，蓑蛾的整个身体都由小栅条覆盖着。它们的柴捆虽然中规中矩，变化不多，但是在整齐与规整之中还透着一份雅致。我在这类蓑蛾的柴捆中也发现了很多组成物：纤细的麦秸片，源于禾本科植物叶子的长带子和中空的、不同性质的小段等。

第三种蓑蛾在冬天快要逝去的时候就开始爬得到处都是，墙上或者圣栎树、榆树、油橄榄树，以及其他不论什么树的坑坑洼洼、凹凸不平的枯树皮里，只要是能够藏身的地方，它们都会钻进去。这种蓑蛾的体形比起其他两种蓑蛾来是最小的，它们的柴捆外套也是最为朴素的。它们所居住的柴捆由一些腐烂的麦秸制成，随随便便的一堆麦秸就可以拿来用。这些麦秸被平行地叠放起来，再加上柴捆的内里层，就构成了蓑蛾的外衣。它们的柴捆确实非常经济，这对它们来说很不容易。柴捆并不大，像个盒子似的，前后不到一厘米。还在四月的时候，我到处搜罗着第三种蓑蛾，然后将它们放置在金属的钟形网罩内。它们虽然在外表上显得普通而不被人注意，但是却能够为我们提供有关蓑蛾的最原始的资料。我不知道它们以什么为食，好在我也

不想知道它们吃什么。至于其他情况，我更是一无所知。这些蓑蛾的毛虫在蜕变之前都是悬挂在树皮或是墙上面，不过我已经将它们拿下来放在了钟形网罩里。它们现在还是蛹，我看到有几只还比较活跃。它们为了让自己能够再次悬挂起来而不停地忙前忙后，用丝线将自己吊挂在钟形网罩的顶端。一番忙乱的景象过后，钟形网罩里面又恢复了原有的宁静。

到了六月末，这些蓑蛾的毛虫就蜕变了。雄蛾孵出来后，它的茧壳会留在柴捆中，有一半多的部分插在里面。这个柴捆外衣将会永远地留在原先的位置，在黏附点上面固定着，最终它将被糟糕的天气摧毁。毛虫蜕变时会把柴捆的前段，也就是正大门，固定在支撑物上，并且永远保持这个姿态。然后毛虫会将自己的身体完全掉转，最终它就是以这种翻转的姿势蜕变为蓑蛾的。等到蜕变完成之后，小蓑蛾只能从柴捆后面飞出去，去自由飞翔。除了这个地方，其他任何方位都是出不去的。这种飞出柴捆的方法不仅为第三种蓑蛾所用，其他蓑蛾也会采用这种方式。蓑蛾的房子都会有两个出口，前面的那个出口是用来服务毛虫的。它的结构更加细密，看起来也更为齐整一些。等到蜕变的时节，这个出口就会关闭，然后被毛虫很牢固地固定在黏附点上面。相比这个出口，后面的出口就显得粗陋了。这个出口是为蓑蛾服务的，它不够整齐，而且下陷的壁里还把这个口遮住了。最后，后面的这个出口会在蓑蛾的推动下呈半开的状态。

蓑蛾的外表都不华丽，灰灰白白，翅膀非常小，甚至还没有苍蝇的大。不过小巧归小巧，小蓑蛾的羽翼也不乏优雅。其翅膀的边缘是丝状流苏穗子，触角是非常美丽的羽毛饰品。刚刚由蛹蜕变而成的小蓑蛾在我为它们准备的钟形网罩里四处飞舞，玩得十分尽兴。它们时而将翅膀扇动，滑过罩底；时而

> **☆阅读与写作**
>
> 两个"是"字将蓑蛾的翅膀边缘和触角分别比作"流苏穗子"和"羽毛饰品"，形象可感。

又兴冲冲地绕着房子转圈。虽然这些房子与别的房子没有什么大的区别，但是小蓑蛾还是稳稳地立在茅屋上，用羽毛饰品探测着。雄性小蓑蛾们个个激情饱满，它们的热情使得它们十分容易辨认。几乎每只雄性蓑蛾都能够找到自己的另一半。与雄性小蓑蛾的激情洋溢不同，雌性小蓑蛾安静地待在茅屋里面，从后面的小孔窥视着外面发生的事情。雄性小蓑蛾也是通过这个小孔占有它们的配偶的。交配的双方通常都是临时组成的家庭，它们根本不认识对方。

我拿了玻璃试管，将刚才充当过临时家庭的几只柴捆放在里面。几天后，一只雌性小蓑蛾从里面爬了出来。天哪！我简直不敢想象，它的样子竟会如此凄惨与丑陋，简直连初生的毛虫都不如。作为母亲的它绝对不能与它蓑蛾的名称相称，毫无优雅感可言。这只蓑蛾连翅膀都没有，也缺少丝质毛皮。只是在它的腹尖处有个环形的软垫子，非常厚实，而且还有个看起来很脏的白色的天鹅绒环圈。它的背部中心处及每个体节上面还有着黑色的、大大的斑点，呈长方形。这些就是这只蓑蛾仅有的装饰品。

这只蓑蛾身上有一根长长的输卵管，就位于那天鹅绒的环圈中间。输卵管是由软硬两个部件组成的，硬的那个部件是输卵管的基础，而软的那个则插在硬部件里面，就像装在镜盒里面的望远镜一

样。在茅屋的后面有一个开着的窗户，这可是蓑蛾的宝物。因为它不仅能够让雄性蓑蛾在交配后顺利地出去，而且能够安置卵。之后，蓑蛾的孩子们也能够通过这个窗户成群地迁移。最重要的是，雌性蓑蛾能够把它的探测器插入窗户里面，并且用它的六只脚牢牢地将茅屋的下端抓住。孵卵时的蓑蛾将自己的身体蜷曲成钩状，它保持这个姿势长达三十多个小时，就是为了把产下的卵放置在刚刚自己爬出来的那个地方。那个小茅屋就是它留给自己孩子们的礼物和遗产。等到卵产下后，输卵管就被抽了出来。

蓑蛾母亲在非常贫穷的时候还有一件衣服，这件衣服也是它为自己的孩子提供的保护屏障。它尾部的环圈也有一些下脚毛，能够把门关上。不仅如此，蓑蛾母亲自己的身体就是一个保护屏。它的身体在门槛上痉挛，然后一直停在那里不再动弹，直到死去都是如此。之后，它的遗体逐渐地干燥，除非是遇到了一些意外或是恶劣的天气，否则蓑蛾母亲的遗体一直都像一面屏障似的屹立在门口。

茅屋里面有一个蛹壳，蛹壳除了前面部分有裂口，几乎完好无损。蓑蛾就是通过前面那个口出去的。雄性蓑蛾的羽毛饰品和翅膀在它想要出去时给它制造了困难。所以，它只好在自己还是虫蛹时就往门口前行，将身体的一半露出去。这样等到它蜕变之后，就可以很快地获得自由。而蓑蛾母亲则不用为此担心，因为它没有翅膀和羽毛饰品。它的身体长得像毛虫，全部裸露着，呈圆柱体。它能够不受阻碍地在狭窄的通道里行走，爬行就更不用说了。蓑蛾的蛹壳被放置在房屋的底端，在茅草顶的下面很好地保存着。

蓑蛾母亲不仅把自己的天鹅绒环圈留给了自己的孩子们，而且还把蛹壳留给了它们，这是多么伟大的举动啊！脱落的蛹壳形成了一个羊皮纸袋似的容器，卵就被存放在这个小容器里。这种举动细致而谨慎。蓑蛾母亲将自己那个像望远镜似的输卵管插在这个容器底部，然后开始产卵。产卵的过程显得井井有条，蓑蛾母亲一点也不慌乱，卵被一层一层地铺在容器中，直到将容器装满。

之后，我从柴捆里把一只装满卵的蛹壳拿了出来，单独将它放置在一支玻璃试管中，然后又把这支试管放在茅屋的旁边，为的就是更容易地观察接下来要发生的事情。到了七月的第一个星期，我就有了很大的收获，一个小蓑蛾的大家庭出现在我眼前。等待的时间一点都不漫长，相反，孵化的速度之快对我的观察发起了挑战。这是一个拥有将近四十只小蓑蛾的家庭，它们都穿上了衣服，一家子其乐融融。

小蓑蛾们在试管中肆意地欢腾着。这个试管很宽敞，它们东走走西逛逛，生活过得有滋有味。小蓑蛾有一顶帽子，由高级的白棉絮制成，暂且让我们称它为一顶缺了帽顶细绳的棉质帽子吧。不仅是没有帽顶细绳，这顶所谓的帽子也不是用来戴在头上的，而是几乎遮挡了小蓑蛾的后半个身体。小蓑蛾们将帽子翻起来，差不多就要与支撑的平面成九十度了。

除帽子以外，小蓑蛾们的美好生活中还不能缺少食物。那它们究竟喜欢吃些什么呢？我对这一点并不清楚，于是开始一个一个地试。但是无论如何这些小家伙都不肯吃我给它们的东西。看起来它们更爱打扮自己，食物在它们那里好像显得次要了。不过我想要知道的是小蓑蛾们的帽子或者说衣服是怎样制成的，还有制成它们的那些材料都有什么。对于这个问题的答案，我是有机会知晓的，因为蛹壳里面还有没被孵出来的卵，幼虫在卵膜里随便乱动着。我把这些完全裸露的幼虫留在试管中，而把那些已经成熟了的穿上了衣服的幼虫安放在了别处。蓑蛾每次产卵的数量总共有五六打。在试管里面的这些幼虫身长大约一毫米，它们的脑袋呈淡红色。

　　这些剩下来的幼虫卵在第二天就长成了，它们逐个地成熟，单独地或是成群地爬出蛹壳。由于蛹壳在蓑蛾母亲出去的时候已经破裂出一个洞口，所以小蓑蛾们只需要从这个口钻出去就可以了，并不会将比较脆弱的盛卵容器弄坏。我还是不知道制作衣服的材料源于何处，因为留下来的这只袋子状的容器并没有被任何一只蓑蛾拿来使用。虽然这个袋子有着非常纤细的组织，还有着独特的龙涎香的味道。也没有一只蓑蛾用蛹壳里面的那层细棉絮作为制衣的材料，它们作为卵铺被铺在蛹壳里，对于那些怕冷的小虫来说这有着很好的御寒作用。还有些绒毛也不会被拿来使用，因为它们的数量实在是少得可怜，怎么够这么多蓑蛾用呢？我相信用来制作衣服的材料很快就能够被发现。

　　我把柴捆放在蛹壳的旁边，小蓑蛾们从蛹壳中出来之后都直接奔向柴捆的方位。这些小家伙在去往牧场或是进入外部世界之前都需要穿好衣服，因此时间显得有些紧迫。只见它们一股脑儿地抢夺旧的柴屋，穿上蓑蛾母亲遗留下来的衣服。有一些小蓑蛾径直地走进一根中空的小树枝内，它们想要把树枝里面的棉絮收集到手。还有的小蓑蛾把柴屋的内壁刮了下来，那些内壁是白色的，最终被刮得干干净净。小蓑蛾们选用的材料都是上等的，所制作出来的衣服也白净亮丽。另外一些小蓑蛾制成的衣服是多种颜色混搭成的，因为上面有褐色的细粒，所以白色的衣服显得不那么白了。

　　小蓑蛾的大颚就像一把锋利的剪刀，每一边都有五颗强劲的牙齿。大颚也正是小蓑蛾用来收集材料的工具。这把工具的精密程度让人难以想象，我用显微镜对其进行了仔细的观察，非常感慨。它们甚至能够将任何纤细的纤维拔起来。假如绵羊有着这样的大颚和牙齿，那么它们就可以从树根开始啃食，而不需要再低着头去吃地上长出来的青草了。小蓑蛾为了让自己能够有一顶棉帽戴，个个都充满了力量与激情。它们的做工过程让我大开眼界。从它们制作的完美成品以及整个制作过程中，我看到了许多不为人知的秘密。

第二种蓑蛾和第三种蓑蛾运用的方法相同。我不想再啰里啰唆地叙述重复性的东西了，所以，让我们赶紧来看一看第二种蓑蛾的技能吧。由于它们的身体长得比较大，所以观察起来也较为方便。我把它们放在蛋杯的底部，这里就成了第二种蓑蛾的主要活动地带。这些矮小的小虫子总共有好几百只，场面看起来壮观极了。再加上各种被截成几段的胚茎❶以及那些小虫子出生的卵膜，热闹景象更加难以想象！

我用放大镜对这些家伙进行仔细观察，我暂时将自己的呼吸屏住，为的就是不让小蓑蛾被我的呼吸吹倒或是被直接吹到更远的地方去。这让我想起了米克罗墨加斯，他为了观察人类而屏住呼吸，生怕把弱小的东西吸进鼻孔里面，并且将自己颈圈上的钻石打磨成一个透镜。同样地，在这些小蓑蛾面前，我就像是一个来自天狼星的巨人。假如需要将它们放到更高倍的放大镜焦点上进行观测，那我就会用一根涂过胶水的小树枝把它们粘起来，或是将细针用嘴唇舔过之后再去粘捕它们。小蓑蛾被粘起来后吓得惊慌失措，它不停地在针尖上面挣扎。它用尽力气将自己的身体缩进那件本来就不够完整的衣服——法兰绒背心里，原本已经很小的身体收缩得

更小了。狭窄的肩带在这个法兰绒背心上面只能将肩膀的部分盖上。我呼出一口气，小蓑蛾立刻就掉进了蛋杯里面。让它把自己的衣服做完吧。

---

❶ 胚茎：髓质最多和最干燥的部分。

小蓑蛾善于从自己已经死去的母亲的衣服中搜集材料，然后为自己量身定做一件新衣。为了能够将自己细嫩而脆弱的身体掩盖，它很快就收集到很多小栅条。这只全身长着斑点的小蓑蛾看上去精力充沛、勤劳、动作灵活而敏捷。它孤单地来到这个世界，却有着制作莫列顿双面起绒呢的技巧。在对它们表示赞叹的同时，疑问也来了：拥有如此高超技能的小蓑蛾，会有着怎样的本能呢？

第二种蓑蛾的成虫在六月底的时候就孵化出来了。大多数的小蓑蛾通过丝质的小垫子将自己的衣服吊挂在钟形网罩上，钟乳石一般地吊着，与地面垂直。它们的柴屋通过裸露的长门厅向下面延伸。还有一部分小蓑蛾并没有采取吊挂的方式，而是将身体的一半埋在沙土中，另一半则露在空气中，同样与地面呈垂直的角度。这些蓑蛾没有离开土地，它们依靠丝质物的黏力让自己依偎在瓦钵内里，并牢固地扎在沙土中。第二种蓑蛾的毛虫在蛹壳里保持静止姿势之前能够自由

地翻转自己的身体，它们会时不时地把自己的头部上下转动，并且朝着出口的方向。因为成虫的活动自由度比不上毛虫，这种上下转动头部的方式能够保证成虫顺畅地到达地面。这种倒置的状态也让第二种蓑蛾的毛虫在为成虫出壳做准备时不会受到重力作用的阻碍。

第二种蓑蛾的蛹非常坚硬，它不能够翻转，但就是这个笨笨的蛹在不断地向前行进，将整个身体往前移，最终才能把雄性蓑蛾运往柴捆的大门口。由于蛹的丝质的大门口没有什么东西阻拦，所以它在门口将身体自行折断，然后用蜕下来的皮将门口堵住。雄性蓑蛾会在门口待一些时候，立在茅屋的顶部，等待着身体中的湿气蒸发，这样才能让翅膀坚硬，最终得以展翅飞翔。这一切都成功之后，雄性蓑蛾就会去寻找自己的另一半，它会用自己华美的外表将对方吸引。

雄性蓑蛾为了寻找配偶不停地飞着，它从一个柴捆屋飞到另一个柴捆屋，好像在为自己的约会地点进行勘探。假如遇到了令自己满意的场所，它就会在裸露的大门口停下来，然后轻轻地将自己那对美丽的翅膀抖动。这种雄性蓑蛾一身优雅的黑色，全身都呈半透明状，没有鳞片，除了翅膀边上的部分。雄性蓑蛾的触角是非常漂亮的羽毛饰品，也是黑色的。这些羽毛饰品看起来宽大而雅致，如果加以放大，都可以与鸵鸟和秃鹳的羽毛相媲美，甚至这两种鸟类的羽毛也会大失其姿色，只能退居其后了。第二种蓑蛾的婚礼与第三种蓑蛾的婚礼一样，并不接受太多的关注。雄性蓑蛾为了获得雌性蓑蛾的芳心而为自己穿上了华丽的外衣，但是这只雄性蓑蛾看不见或是只能隐约地看到雌性蓑蛾。

雄性蓑蛾的生命非常短暂，三四天之后就死了，它们悲凉地死在我的钟形网罩里面。这种状况使得雌性蓑蛾变得焦躁起来。因为时间隔得太长，直到晚生者孵化之时，雌性蓑蛾都没有一个追求者前来查探。太阳火热地照射着钟形网罩，奇特的事情发生在我的眼皮底下。茅屋的门口不知道在什么时候变大了，膨胀了，之后便大门敞开，从里面涌出来一堆絮团。这是一种云雾状的水汽，其纤细程度难以想象，甚至连经过梳理的蜘蛛网变成的絮团都不能与这种絮团相比。就在这个絮团的后面，更为奇特的事情发生了。不同于之前麦秸的搜寻者，絮团外面出现了毛虫的半个身体和一个脑袋。这就是这所茅屋的女主人哪！它出来是因为一直等不到雄性蓑蛾前来追求，而且感到自己已经到了婚嫁的年龄，所以才采取了主动出击的方式。女主人主动地迎接雄性蓑蛾的到来，但是由于种种原因，这所房子不会再有异性光顾了。这位女主人在天窗上低俯身体，静止不动。直到它等得有些烦躁了，才慢慢地将自己的身体缩回窝里。

之后的几天里，这只雌性蓑蛾都会在上午钻出自己的巢穴，出现在阳台上面。阳光洒在那堆絮团上面，显得格外耀眼。我用手轻轻地将絮团扇了扇，它瞬间就灰飞烟灭了。没有雄性蓑蛾再来这个地方，女主人最终在抑郁中死在了自己的房子里。我想，之所以没有雄性蓑蛾再次光临女主人的家，是因为我的钟形网罩阻挡了它们前行的道路。假如在自由广阔的田野之中，一定会有更多的追求者从四面八方赶过来。这样看来，害死这位女主人的罪魁祸首便是我的钟形网罩。

钟形网罩不仅害死了茅屋的女主人，还酿成了更惨的悲剧。由于雌性蓑蛾的身体一部分露在外面，而另一部分隐藏在屋中，所以它需要对自己身体的裸露程度进行估算，以保证自己身体的平衡。但是钟形网罩让它的这一判断变得不再准确，以至于一些雌性蓑蛾会突然间摔落到地上，丢掉了性命。如果雌性蓑蛾的性命没了，那么它的孩子们也就跟着没了命。但这一惨状也并不一定全是坏事。由于雌性蓑蛾的摔落没有使茅屋的围墙受到破坏，所以我们可以清晰地、直截了当地看到这位悲惨的蓑蛾母亲。

有句谚语是这么说的："美丽的东西看上去并不美，除非它受到别人的喜爱。"这只蓑蛾母亲很好地为我们验证了这句古老的谚语。它的长相是多么粗陋难看哪，它像是一个土黄色的小香肠，一个起了皱的口袋，甚至比蛆还要丑陋。所谓蜕变就是变得更加难看，前进就意味着后退。但蓑蛾母亲正值青春年华，它是正当年的雌性蓑蛾，而且这只丑陋的东西正是拥有着高贵黑色外衣的雄性蓑蛾的追求对象。雄性蓑蛾认为雌性蓑蛾并不丑，相反，它美到了极致。

我想要对这位死者做一个简单的描摹。蓑蛾母亲的头长得平淡无奇，非常小，在它身体的第一个体节里就几乎消失得无影无踪了。当然，对于一个只需要产卵以及将产下的卵装在袋子里的蓑蛾母亲来说，硕大的头部是派不上什么用场的，因此退化得越来越小了。不过，就在蓑蛾母亲这个小小的头上还长着一双眼睛，它们看起来就像两个黑色的点。由于大部分时间都藏在黑暗的洞穴里，所以蓑蛾母亲的这双眼睛一定是看不清物体的。只有在雄性蓑蛾进行追求的时候，蓑蛾母亲才会将这双眼睛露出洞穴，而这种情况也是少之又少的。

蓑蛾母亲的身体是淡黄色的，前半部分呈半透明的状态，后面的部分则塞满了卵，并不透明。蓑蛾母亲的前几个体节下面有一个黑色的斑点，呈透明状。这些黑色的斑点就像是穿着长袍的教士所佩戴的领巾。这个盛着卵的部分是一个短的环形小软垫，是纤细丝绒和浓密发毛的残留物。蓑蛾母亲在自己的居所中前后移动时将这种物质脱去，之后便形成了一个絮团。等到雄性蓑蛾前来与蓑蛾母亲结婚的时候，天窗就会被这个絮团装扮成雪白色。蓑蛾母亲的脚不但短小，而且非常软弱，根本无法用来移动自己的身体，虽然这脚的形状不错。

简单地说，蓑蛾母亲的身体几乎是由体内的卵撑起来的，没有什么能比蓑蛾母亲的身体更卑贱了。蓑蛾母亲的体内有一根条痕状的东西，它可以帮助身体里装满卵的母亲向前移动，无论是躺着、俯着还是侧着。这个条痕在盛卵袋子的后面形成，它把蓑蛾母亲分为两个部分，并且将它的身体扼住。这个条痕向前扩张的时候，呈波浪状向前扩散，波纹缓慢地到达蓑蛾母亲的头部，以此带动它向前进。一个波浪能够使蓑蛾母亲向前行进差不多一毫米的距离。如果是一个装着细沙、长度为五厘米的小盒子，蓑蛾母亲需要花费一个小时的时间从盒子的这一头到达另一头。蓑蛾母亲就是利用这种缓慢前行的方式主动地移动到家门口，并且迎接求爱者的到来的，回去的时候也是如此。

☆阅读与写作

以"凄凉""无助""盲目"等富于人物感情的词语，形象地写出了雌性蓑蛾楚楚可怜的模样，使人读来顿生怜悯之情。

这只雌性蓑蛾拖着自己的卵袋在荒野中凄凉地生活着，它的全身没有任何可以遮蔽的东西。它只是无助地、盲目地向前爬行，累了就停下来歇脚。雄性蓑蛾路过时只是用冷漠的表情回应它，没有哪只雄性蓑蛾会注意到这只可怜的雌性蓑蛾。如果它的家庭注定要被抛弃，如果它注定要遭受无情的对待，那它为什么还要坚持做母亲呢？这是自然的规律。由于意外，命运原本就够悲惨的蓑蛾母亲更是经受了灭顶之灾，它从自己的洞穴口掉在了地上。由于体力衰竭，也由于无法生育，它最终在孤苦中死去。

其他幸运的第二种雌性蓑蛾在柴捆的天窗上时非常小心，它们能够防止自己掉落到地上，顺利地回到家中。等到雄性蓑蛾来到并且与它们完成婚配之后，它们就缩回自己的洞穴不再出来。半个月过后，我把柴捆用剪刀纵向地剪了开来，发现了这只蓑蛾母亲。蛾蛹在柴捆的底部、正门的对面蜕下了一层皮。这种皮呈琥珀色，非常脆弱，头部的尖端非常开阔地敞开着，并且面对出口通道。它像是一个袋子，很长。蓑蛾母亲就在这个袋子中，它把整个袋子填塞到鼓胀。不过，它已经死了。

这个袋子似的蛹壳的特点我们已经了解清楚了，长成的第二种雌性蓑蛾带着非常丑陋的容貌走出蛹壳。成虫假如将自己的身体缩回到蛹壳中去，那它们看起来就好像是一体的，不可分割。成虫让蛹壳把自己包得紧紧的，我无法将它们分离。这是成虫在门口等待后回到房屋里的保护套，蛹壳被放置在一个非常安全的地方。由于成虫在家门口进进出出，它浓密的毛——花蝴蝶一般的漂亮衣服，在与房屋内里的摩擦之中已经褪去了。它的外衣最终变成光光的样子。兔妈妈为了给自己的兔宝宝制作一张柔软的毛绒床垫，它们会选用最好、最轻柔的毛来完成这项工程。这些柔软的毛长在门牙剪刀能够触得着的地方——兔妈妈的肚子上和颈上。绒鸭也同样如此，它们为了给自己的孩子制作一张柔软舒适的床，便将自己身上的绒毛褪去，用这些绒毛来当制作材料。但是第二种蓑蛾所脱去的那层毛又有什么功效呢？

让我们来看看第二种蓑蛾拥有怎样的情怀吧。它们跟兔和绒鸭有着一样的目的，蓑蛾母亲为了给自己的孩子提供一个安全、舒适的场所，它会将自己身上那层难以被觉察出来的绒毛脱下，然后用这些绒毛为孩子们制作一个玩耍的场所——一个它们进入现实世界之前的坚实的安全所。这些绒毛就是蛹壳前面的一堆非常纤细的絮团，就像是渗出少量絮凝粒的絮状物一样。这个时候，第二种蓑蛾正在朝窗前走去。这些纤细无比的物质并不是纱厂的平纹织物，而是只有在显微镜下才能够看清的鳞片状粉末。

每种做了母亲的动物都有它独特的预见性，哪怕是最低等动物的母亲——蓑蛾母亲也不例外。我不能确定这种脱毛的方式是不是蓑蛾通过与房屋内里相摩擦完成的，因为没有任何现象能够证明这种说法。我的设想是，一个绒袋子通过自己身体的扭动，在狭窄的通道中来来去去，最后终于将自己身上的绒毛脱下。为了给孩子们留下遗产，蓑蛾母亲甚至会从自己的嘴唇上把那些不容易脱掉的绒毛连根拔起。

蓑蛾毛虫从卵中走出来后会在蛹壳前面这些柔软的场地上进行暂时的歇息。这片轻柔的地方正是它们的母亲用毛发和鳞甲为它们制作的。蛹壳前这堆絮状物将房屋的门口堵住，这是一道安全屏障。房屋后方则呈敞开的状态。小毛虫在这片轻柔的絮状物上休息，这片刻的停留为的就是准备后面将要进行的工作。做成这层屏障的丝不但不稀缺，而且还非常丰富。柴捆的内里有着一层很厚的白色织缎，但是比起毛虫织的鸭绒盖脚被，毛虫们对鸭绒盖脚被更加钟情。

这些就是第二种蓑蛾母亲为自己家庭所做的准备工作。现在，我想要知道它的卵存放的位置。三种蓑蛾中体形最小的那种也是相貌最不雅观的，不过它们的行动倒是非常自如，甚至用自己的身体完全走出了柴捆。蓑蛾母亲产下的卵通过一个长长的输卵管被存放在一个容器之中。等到卵全部产完，蓑蛾母亲就要死去了。另外两种蓑蛾没有望远镜般的输卵管，要移动身子只能爬行。雌性蓑蛾会把自己的絮状物留给孩子们。它们从来都不会离开自己的家门半步，哪怕是结婚和产卵的时候。这就像人们对古罗马模范家庭中的母亲所说的："让她在家里纺羊毛吧。"

雌性蓑蛾等待雄性蓑蛾的示爱，之后这只相貌丑陋的雌性蓑蛾就缩回到自己的洞穴中去。它缩回到褪去的皮中，然后把这个皮袋子作为卵的存储地。袋子越来越鼓胀，直到所有的卵都到达目的地。其实严格地说，产卵这件事并不存在。因为卵根本没有离开过蓑蛾母亲的肚子，只是被存在了蓑蛾母亲的身上。

袋子很快就变干了，这是由于蒸发的作用。等到它完全变干后，我打开了蛹壳。在放大镜的照射下，我看到了最后的纪念物——瘦肌肉束、神经小支、气管细线，还有一些已经缩减到最简单形式的生命的象征。原来的蓑蛾母亲现在俨然已经成了一个大卵巢，里面有三百只左右的蓑蛾卵。

昆虫 小百科

昆虫名： 蓑蛾

别 名： 袋蛾、避债蛾。

种 类： 中国已知有十几种，如大袋蛾、白囊袋蛾、茶袋蛾等。

防治方法： 蓑蛾是果树林木害虫，人们常用的防治方法有人工摘除袋囊，喷洒杀虫剂灭幼虫，利用、保护蓑蛾天敌，等等。

扫码立领
• 本书内容导读
• 写作方法专题
• 阅读学习资料

圣甲虫的习性

合 作

圣甲虫用它特有的步骤制造出一个个粪球。它的额头有六个排成半圆的角形锯齿，那是用来挖掘和切削的秘密武器。圣甲虫用这耙子来剔除不能吃的食物纤维，把最精华的部分聚集起来。如果是为了自己采集食物，圣甲虫才不会如此挑剔。可如果是为了制作育儿室，在粪球中挖一个放卵的小洞，那它就必须精挑细选，用粪便的精华筑成小洞的内层。这样，幼虫破卵而出时便能在住所的内壁找到营养丰富的精细的食物，为将来储备能量。在筛选自己的食物时，圣甲虫似乎显得有点漫不经心。它把带锯齿的额突转入粪堆，在强壮有力的前足的配合下，很轻松地进行着挖掘工作。如果需要在粪团最厚处开辟通道，它便用它那带锯齿的腿用力一耙，清理出一个半球体的空间来，再把耙过的粪便聚拢到腹下的四只腿之间。剩下的工作便交给后足去完成了：检查和修正球体的形状。实际上，这些腿的作用就是帮助粪球成形。这些经过粗加工的粪球在四条腿之间摇摇晃晃，逐渐趋于完美。就这样，一粒小小的粪丸在眨眼之间变成了苹果那么大的粪球。

圣甲虫习性中最惊人的特征体现在它们搬运食物的方式上。

圣甲虫并非总是单独地运送这珍贵的粪球，它常常会给自己找个同伴，确切地说，是同伴主动加入进来的。一般情况下，一只圣甲虫做好粪球后，旁边那只后来的、刚开始工作的圣甲虫会突然放下手中的活计，跑到滚动的粪球前帮忙，而粪球的拥有者也很乐意接受帮助。于是，它俩一道干起来，竞相出力把粪球运送到安全的地方。

尽管用词很不恰当，我还是把那两只合作的圣甲虫称作同伴。那个后来者是强行加入的，而前者生怕遇到更严重的灾祸，才无可奈何地接受帮助。不过，它们的相处还算和平。作为物主的圣甲虫看到同伴的到来，并未放下自己的工作。新来者满怀热情，立即干起活来。它们一前一后，相互配合。物主占据主导位置，从后面推粪球，后腿朝上，头向下；那个同伴则在前面，头朝上，带锯齿的前腿按在粪球上，长长的后腿着地，倒退着走。粪球在它们中间，经过推拉而向前

滚动。它们的合作并非总是很协调。因为同伴背对路径，而物主的视线又被粪球挡住了，所以事故较多，摔倒在地是常有的事。不过它们能泰然面对，又匆匆爬起来，重新站好位置，不会把次序弄颠倒。即使在平地上，这种运输方式也是费力的，因为它们的配合无法天衣无缝。

其实，如果是后面那只圣甲虫独自搬运，也许会更快、更好。所以，入伙者在表现好意之后，便不顾有破坏合作协议的危险，决定不再干活。当然，它不会放弃那个珍贵的粪球，也不会让物主抛下它。

于是，它把腿收到腹下，身子贴在粪球上，与之成为一体。从此，粪球和这只贴在其表面的圣甲虫在合法物主的推动下，一起向前滚动着。不管它在粪球的上下还是左右，它都不在乎。它牢牢地贴在粪球上，一声不吭。这种同伴很少见，它让别人用力推着自己，还要分得一份食物。

假设圣甲虫幸运地找到了一个忠实的合作者，或者更好一些，假设它在路上没有遇到不请自来的同伴。那么，一切就绪，洞穴已经挖好，通常是在沙地上，洞不深，有拳头那么大，有一条细道与外界相通，细道正好让粪球进入。食物一旦储藏好，圣甲虫便把自己关在家里，用杂物把洞口封住。门关上后，外界根本看不出下面有个宴会厅。多么高兴啊！宴会厅里美妙无比，餐桌上有丰盛的佳肴，天花板遮挡着烈日，只透进来一丝潮湿、温馨的热气，这一切都有助于肠胃功能的发挥。

这个宴会厅几乎被那个粪球占满了，丰盛的食物从地板堆到天花板。一条狭小的通道把粪球与洞壁隔开。食者就在通道上用餐，常常是独自一个，肚子朝着餐桌，背部靠着洞壁。它一旦坐好，就不再动了，然后就放开嘴去吃，不会因丝毫的分心少吃一口，也不会因挑剔而浪费一粒粮食。粪球全部被一丝不苟、有条不紊地吃了下去。看到它如此虔诚地吃着粪球，人们会以为它意识到自己在完成大地净化的工作，把粪土化为赏心悦目的鲜花和圣甲虫的鞘翅，来装点春天的草坪。但是，这种化粪土为神奇的工作，要在最短的时间里完成。所以，圣甲虫天生便具有一种其他昆虫所没有的消化能力。它一旦把食物搬回来，就夜以继日地吃，直到把食物消灭干净为止。

盗　贼

有的时候，圣甲虫好像是一个善于合作的动物，而这种事情是常常发生的。当一个圣甲虫的球已经做成，它离开它的同类，把收获品向后推动。一个将要开始工作的邻居，看到这种情况，会忽然抛下自己的工作，跑到这个滚动的球边上来，助球主人一臂之力。它的帮助当然是值得欢迎的。但它并不是真正的伙伴，而是一个强盗。要知道，自己做成圆球是需要苦工和忍耐力的，而偷一个已经做成的，或者到邻居家去吃顿饭，那就容易多了。有的盗贼会用很狡猾的手段，有的甚至施用武力呢！

有时候，一个盗贼从上面飞下来，猛地将球的主人击倒。然后它自己蹲在球上，前腿靠近胸口，静待抢夺的事情发生，预备互相争斗。如果球主人起来抢球，这个强盗就给它一拳，从后面打下去。于是球的主人又爬起来，推摇这个球，球滚动了。强盗也许因此滚落，那么，接着就是一场角力比赛。两只圣甲虫互相扯扭着，腿与腿相绞，关节与关节相缠。它们角质的甲壳互相冲撞、摩擦，发出金属摩擦般的声音。胜利的盗贼爬到球顶上，球的主人失败几回被驱逐后，

> ☆阅读与写作
>
> 详细的动作描写描绘出两只圣甲虫为争夺粪球大打出手的激烈画面。

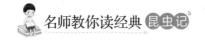

只好跑开去，重新做自己的小弹丸。

有几回，我看见第三只圣甲虫出现，像强盗一样抢劫这个球。

但也有时候，贼竟会牺牲一些时间，利用狡猾的手段来行骗。它假装帮助这个球的主人搬运食物，经过生满百里香的沙地，经过有深车轮印和险峻的地方，但实际上它用的力却很少。它做的大多只是坐在球顶上观光，到了适宜收藏的地点，主人就开始用它边缘锐利的头和有齿的腿向下开掘，把沙土抛向后方，而这贼却抱住那球假装死了。土穴越掘越深，工作的圣甲虫看不见了。有时它到地面上来看一看，球旁睡着的圣甲虫一动不动，它也会觉得很安心。但是主人离开的时间久了，那贼就乘这个机会，很快地将球推走。假使主人追上了它——这种偷盗行为被发现了——它就赶快变更位置，看起来好像它是无辜的，因为球向斜坡滚下去了，它仅是想止住球而已！于是两个"伙伴"又将球搬回，好像什么事情都没有发生一样。

假使那贼安然逃走了，主人失去辛苦做出来的东西，只能自认倒霉。它揩揩颊部，吸点空气，飞走，另起炉灶。我很羡慕而且嫉妒它这种百折不挠的品质。

昆虫 小 百 科

昆虫名：圣甲虫

形态特征：属鞘翅目金龟甲科。体黑色或黑褐色，大中型昆虫。

饮食习惯：以粪便或腐殖质为食，在生态系统平衡中具有重要的作用。

生活技巧：将粪便制造成一个小球，推到安全的地方去享用。

迷人的孔雀蛾

孔雀蛾是一种长得很漂亮的蛾。它们中最大的来自欧洲，全身披着红棕色的绒毛，脖子上有一个白色的领结，翅膀上撒着灰色和褐色的小点，横贯中间的是一条淡淡的锯齿形的线，翅膀周围有一圈灰白色的边，中央有一个宛如大眼睛的圆形斑点，有黑得发亮的瞳孔和许多色彩镶成的

眼帘，包括黑色、白色、栗色和紫红色的弧形线条。这种蛾是由一种长得极为漂亮的毛虫变来的，它们的身体以黄色为底色，上面嵌着蓝色的珠子，它们靠吃杏叶为生。

五月六日的早晨，在我的昆虫实验室里的桌子上，我看着一只雌性孔雀蛾从茧子里钻出来。我马上把它罩在一个金属丝做的钟罩里。我这么做没有什么别的目的，只是一种习惯而已。我总是喜欢搜集一些新鲜的事物，把它们放到钟罩里细细欣赏。

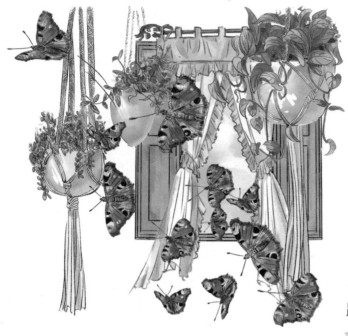

后来我很为自己的这种方法庆幸，因为我获得了意想不到的收获。在晚上九点左右，当大家都准备上床睡觉的时候，隔壁的房间突然发出很大的声响。

小保尔衣服都没穿好，就在屋里奔来跑去，疯狂地跳着，顿着脚，敲着椅子。"快来，快来！"他喊道，"快来看这些蛾子，它们像鸟一样大，满房间都是！"我赶紧跑进去一看，孩子的话一点也不夸张。房间里的确充满了那种大蛾子，已经有四只被捉住关在笼子里了，其余的拍打着翅膀在天花板下面翱翔。

看到这情形，我立即想起早上那只被我关起来的囚徒。

"快穿好衣服，"我对儿子说，"把鸟笼放下，跟我来。我们马上就要看到更有趣的事情了。"

我们立刻下楼，来到我的实验室，它位于我的卧室的右侧。我发现厨房里的仆人已被这突然发生的事件吓慌了，她用她的围裙扑打着这些大蛾，起初她还以为它们是蝙蝠呢。这样看来，孔雀蛾们已经占据了我家里的每一部分，惊动了家里的每一个人。

我们点着蜡烛走进实验室，实验室的一扇窗开着。我们看到了难忘的一幕情景：那些大蛾子轻轻地拍着翅膀，绕着那钟罩飞来飞去。

一会儿飞上，一会儿飞下；一会儿飞出去，一会儿又飞回来；一会儿冲到天花板上，一会儿又俯冲下来。它们向蜡烛扑去，用翅膀把它扑灭。它们停在我们的肩上，扯我们的衣服，轻擦我们的脸。小保尔紧紧地握着我的手，努力保持镇定。

一共有多少蛾子？这个房间里大约有二十只，加上别的房间里的，总共将近四十只。四十位情人来向这位那天早晨才出生的新娘——这位被关在象牙塔里的公主——致敬！

在那一个星期里，每天晚上这些大蛾总要来朝见它们美丽的公主。那时候正是暴风雨的季节，晚上黑得伸手不见五指。我们的屋子又被遮蔽在许多大树后面，很难找到。它们经过这么黑暗和艰难的路程，历尽千辛万苦来见它们的公主。

在这样恶劣的天气条件下，连那强壮的猫头鹰都不敢轻易离开巢，可孔雀蛾却能果断地飞出来，而且不受树枝的阻挡，顺利到达目的地。

它们是那样无畏，那样执着，以至于到达目的地的时候，它们身上没有一个地方被刮伤，哪怕是细微的小伤口也没有。这个黑夜对它们来说，如同大白天一般。孔雀蛾一生中唯一的目标就是寻找配偶。为了这一目标，它们继承了一种很特别的天赋：不管路途多么远，路上怎样黑暗，途中有多少障碍，它们总能找到它们的对象。在它们的一生中，有两三个晚上它们可以每晚花费几个

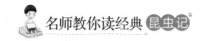

小时去找对象。如果在这期间它们找不到对象，那么它们的一生也将结束。

孔雀蛾不懂得吃，当许多别的蛾成群结队地在花园里飞来飞去吮吸蜜汁的时候，它们从不会想到吃东西这回事。这样，它们的寿命当然不会长了，只不过是两三天的时间，只来得及找一个伴侣而已。

昆虫 小 百 科

昆 虫 名：孔雀蛾

分布地区：欧洲各地。

形态特征：全身披着红棕色的绒毛，脖子上有一个白色的领结，翅膀上撒着灰色和褐色的小点。

生活习性：孔雀蛾的幼虫靠吃杏叶为生，变成蛾后就不吃东西了。它们一般只能存活三天左右，唯一的目的就是寻找配偶。

螳螂——挥舞着镰刀的斗士

螳螂天生就有着一副美丽优雅的身材。不仅如此，它还拥有另外一种独特的东西，那便是生长在它的前足上的那对极有杀伤力和进攻性的冲杀、防御的武器。而它的这种身材和它这对武器之间的差异，简直是太大、太明显了。真让人难以相信，它是一种温存与残忍并存的小动物。

见过螳螂的人，都会十分清楚地发现，它纤细的腰部非常长。不光是很长，还特别有力呢！与它的长腰相比，螳螂的大腿要更长一些。而且，它的大腿下面还生长着两排十分锋利的像锯齿一样的东西。在这两排尖利的锯齿的后面，还生长着一些大齿。总之，螳螂的大腿简直就是一把两排刀口的锯子。当螳螂想要把腿折叠起来的时候，它就可以把两条小腿分别收放在这两排锯齿的中间，这样是很安全的，不至于伤到自己。

如果说螳螂的大腿像是一把两排刀口的锯子的话，那么它的小腿也是一把两排刀口的锯子。只是生长在小腿上的锯齿要比长在大腿上的多很多。而且，小腿上的锯齿和大腿上的有一些不太相同的地方。小腿锯齿的末端还生长着尖锐的很硬的钩子，这些钩子就像金针一样。

除此之外，锯齿上还长着一把有着双面刃的刀，就好像那种呈弯曲状的修理各种花枝用的剪刀一样。

螳螂身上的武器很多，因此，它在遇到危险的时候，可以选择多种方法来保护自己。比如，它有如针的硬钩，可以用来钩你的手指；它长有锯齿般的尖刺，可以用来扎、刺你的手；它还有一对锋利无比，而且十分健壮的大钳子，这对大钳子对你的手有相当大的威力，当它夹住你的手时，那滋味可不太好受哇！综上所述，这种种有杀伤力的方法，让你很难对付它。要想活捉这个小动物，还真得动一番脑筋，费一番周折呢！否则，捉住它是不可能的。这个小东西，不知要比人类小多少，却能威胁人类。

　　平时，在它休息的时候，这个异常勇猛地捕捉其他昆虫的机器，只是将身体蜷缩到胸部，看上去似乎特别平和，不至于有那么大的攻击性，甚至会让你觉得，这个小动物简直是一只热爱祈祷的温和的小昆虫。但是，当发现猎物时，它会突然跳起，摆出可怕的姿势，迅速打开前翅，斜着甩到两侧；接着展开后翅，像两片平行的船帆立起。螳螂一般从颈部攻击抓到的猎物，它用一只前爪把猎物拦腰钩住不动，另一只前爪按住猎物的头，掰开其后面的脖颈，用尖嘴从其颈后没有护甲的地方探进去，一口一口地啃咬，不一会儿就在猎物颈上打开一个大口子。之后，这个家伙开始慢慢地品尝猎物。

　　螳螂从颈部攻击猎物，消灭生命之源，啃咬颈部神经节，符合解剖学原理，可以说它是一个解剖学专家。在这方面，它比其他昆虫聪明得多，也残忍得多。

　　假如你想到原野里去详尽地研究、观察螳螂的习性，那几乎是不可能的。因此，我也就不得不把螳螂拿到室内来进行观察、分析和研究。如果把螳螂放在一个用铜丝盖住的盆里面，再往盆里加上一些沙子，那么，这只螳螂将会生活得十分快乐和满意。我所要做的，只是提供给它充足而又新鲜的食物。有了它必需的食品，它会生活得更满意。因为我想要做一些实验，测一下螳螂的力究竟有多大，所以我不仅仅提供一些活的蝗虫或者是活的蚱蜢给螳螂吃，同时还必须供给它一些大个的蜘蛛，以使它的身体更加强壮。至于我的观察、研究，便是在我做了上述工作以后所观察到的情形。

　　有一次，一只不知危险、无所畏惧的灰蝗虫朝着那只螳螂迎面跳了过去。螳螂立刻表现出异常愤怒的样子；接着，它反应十分迅速地做出了一种让人感到特别吃惊的姿势，使得那只本来什么也不怕的蝗虫立刻充满了恐惧感。螳螂表现出来的这种奇怪的面相，我敢肯定，你从来也没有见到过。

螳螂把它的翅膀极度地张开。它的翅膀竖了起来，并且直立得就好像船帆一样。翅膀竖在它的后背上，螳螂将身体的上端弯曲起来，样子很像一根弯曲着手柄的拐杖，并且不时地上下起落着。不光是动作奇特，与此同时，它还会发出一种声音，那声音特别像毒蛇喷吐气息时发出的声响。螳螂把自己的整个身体全都放置在后足上面。显然，它已经摆出了一副时刻迎接挑战的姿态。因为，螳螂已经把身体的前半部完全竖起来了，那对随时准备东挡西杀的前臂也早已张开了，露出了胸前黑白相间的斑点。这样一种姿势，谁能说不是随时备战的姿势呢？

螳螂在做出这种令谁都惊奇的姿势之后，一动不动，眼睛瞄准它的敌人，随时准备上阵，迎接激烈的战斗。哪怕那只蝗虫轻轻地移动一点位置，螳螂都会马上转动一下它的头，目光始终不离开蝗虫。螳螂这种死死盯人的战术，其目的是很明显的，主要就是利用对方的惧怕心理，让对方的惊恐一点一点加深，造成"火上浇油"的效果，给对手施加更大的压力。螳螂希望在战斗打响之前，就能让面前的敌人因害怕而陷于不利地位，达到使其不战自败的目的。因此，螳螂现在需要虚张声势一番，假装成什么凶猛的怪物，利用心理战术和面前的敌人进行周旋。螳螂真是个心理专家呀！

看起来，螳螂这个精心安排设计的作战计划是完全成功的。那只一开始天不怕、地不怕的蝗虫果然中了螳螂的妙计，真的把它当成什么凶猛的怪物了。当蝗虫看到螳螂这副奇怪的样子以后，当时就有些吓呆了。它紧紧地注视着面前这个怪里怪气的家伙，一动也不动。在弄清来者是谁之前，它是不敢轻易向对方发起什么攻势的。这样一来，一向善于蹦来跳去的蝗虫，现在竟然一下子不知所措了，甚至连马上跳起来逃跑也想不起来了。可怜的蝗虫害怕极了，怯生生地伏在原地，不敢发出半点声响，生怕稍不留神，便会命丧黄泉。在它最害怕的时候，它甚至莫名其妙地向前移动，靠近了螳螂。它居然如此恐慌，到了自己要去送死的地步。看来螳螂的心理战术是完全成功了。

在被猛烈地痛揍之后，再加上先前万分的恐惧，蝗虫的运转能力逐渐下降，动作慢慢地迟缓下来，也许是已经被打蒙了吧。这种办法既有效，又非常实用。螳螂就是利用这种办法，屡屡取得战斗的胜利。接下来，这个残暴的魔鬼胜利者便开始咀嚼它的战利品了。它肯定是会感到十分得意的。

昆虫 小 百 科

昆虫名：螳螂

种　　类：螳螂目是一个小目，在这个目之下所有的成员通称为螳螂。全世界约有两千种。

形态特征：螳螂是一种较大的昆虫，它们身体颀长，披着绿色、褐色或带有花斑的长外衣。

饮食习惯：螳螂的取食范围极其广泛，无论是天上飞的还是地上跳的，甚至水中游的，只要是身形小于自己的昆虫，它基本上都照单全收，有时连蜂鸟也不放过。它们常在农田或林区捕食害虫。

扫码立领
•本书内容导读
•写作方法专题
•阅读学习资料

藏在成语中的昆虫

螳 臂 当 车

出处 战国·庄子等《庄子·人间世》

释义 螳螂举起前肢来阻挡车子前进。比喻人不自量力，必然会失败。

成语小故事

　　齐庄公是春秋时期齐国国君。一天，齐庄公坐马车去郊外。当他正通过马车的窗户欣赏窗外的景色时，突然看到前面土黄色的路中央有个绿色的小东西一动不动地站在那里。齐庄公就问车夫那是什么。车夫的眼神很好，他说："回大王，那是一只螳螂，正举着前肢的两柄'刀'，像是想要阻拦马车哩！这只小虫真是不自量力，敢挡我们大王的去路！"

　　齐庄公听了，笑着说："它的做法虽然不对，却是极有勇气的。若是这只小螳螂变成一个人，一定会成为天下第一的勇士。算了，我们还是绕开它走吧！"

　　其他国家的人听说这件事后，觉得齐庄公很尊敬勇士，是一个好国君，因此纷纷前来投奔他。

泥蜂的返程能力

　　昆虫的眼力和记忆力，显然是大大高于我们人类的。它们的身上有一种对地点的独特直觉，姑且称之为记性，那是一种我们无法比拟而又无以名状的能力。正是这种能力，令泥蜂准确无误地停落在它那与滚滚黄沙融为一体的家门前，令砂泥蜂在花丛中徜徉一夜后仍然能找到它昨日心血来潮时建好的竖井。我的眼睛无法分辨，记忆也不能完全清晰地指出洞穴所在，纵使我之前可能已观察了几个小时。那么昆虫究竟是怎样记住的呢？它们对地点的认知，是由于卓越的记忆力，还是通过什么我们不能理解的方式呢？如此种种，令我对昆虫的心理大为好奇。于是，我进行了一系列相关实验。

　　第一个实验。在上午将近十点的时候，我在一个斜坡上找到了一个栎棘节腹泥蜂的蜂群。这种节腹泥蜂以方喙象为食。它们有的正在挖掘洞穴，有的正在储备粮食。我在同一个蜂群里抓了十二只雌性节腹泥蜂，用麦秸蘸着一种不会褪色的颜料，在每只节腹泥蜂的胸部中间点了一个白点，以便将来辨认；然后把它们每只封闭在一个纸袋里，放在盒子中，走到了离蜂窝大约两千米的地方再将它们放出来。这些初获自由的"俘虏"骤见天日，纷纷四散飞往各处，没有秩序和统一的方向。不过，它们只飞了几步就都停了下来，站在草茎上，用前腿揉一揉仿佛被阳光眩晕了的眼睛，努力辨认着方向。

不一会儿，它们就先后起身，毫不犹豫地挥动着翅膀向南飞去——那正是它们的家的方向。五个小时后，我在之前的蜂窝里发现了两只胸前带着白点的节腹泥蜂正在窝里不慌不忙地干着活。不一会儿，第三只从田野里飞来，还抱着一只象虫，看来它在归途中很有收获。不到一刻钟，第四只也很快飞来。我想我没有必要继续等待了。剩下的那八只也许正在归途中捕猎，也许已经躲到了蜂窝的深处，不管它们现在在哪里，一定也会像眼前这四只一样，回到这里来。运输的过程中，它们被关在纸牢里，根本不可能知道运输的路途和方向。我不知道节腹泥蜂的狩猎范围有多大，是不是它们对方圆两千米内的环境都比较熟悉，所以才能如此驾轻就熟地找到自己的家呢？看来我有必要继续实验下去，把它们送到更远的地方去，而且这个地方是它们绝对不可能知道的。

我从上午的同一窝节腹泥蜂中又取了九只雌性节腹泥蜂，其中有三只接受过上一次的实验。我在这次的节腹泥蜂胸前点了两个白点，和上次胸前只有一个白点的实验品区分开来，然后把它们关在各自的纸袋里，放在一个黑漆漆的盒子中。这一次，我选择了距离蜂窝大约三千米处的邻近城市卡班特拉。节腹泥蜂是典型的乡下人，从来没有来过大城市。人口稠密的都市，鳞次栉比的房屋，烟雾缭绕的烟囱，这些对于长年生活在原野中的节腹泥蜂来说该是多么新奇呀！更何况又有三千米的距离，这是多么大的阻碍！因为天色已晚，我推迟了实验，让囚犯们在黑匣子里过了一夜。第二天早上八点左右，我在人口稠密的市中心大路上，把它们一只只释放，然后观察每一只飞走的方向。被释放的节腹泥蜂在获得自由的时候，都挥动翅膀奋力地垂直向上飞，仿佛要从这一排排楼房、一条条街道中摆脱出来。终于飞到了屋顶上，身处高处的节腹泥蜂视野骤然开阔，它们奋力一跃，迅速地向南方飞去，那正是我把它们带过来的方向，也正是它们的窝的方向。我一只只释放了所有的节腹泥蜂，每一次都惊奇地发现，即使对周围的环境完全陌生，甚至是在与平时生活的原野一点相同之处都没有的城市，它们还是可以迅速地判断出正确的飞行方向，毫不犹豫地向家中飞去。

几个小时后，我回到了成为实验品的节腹泥蜂的家。我首先看到了好几只胸前带着一个白点的节腹泥蜂，它们是昨天的实验品，但胸前带着两个白点的俘虏却一个都没有见到。难道说刚才释放的俘虏们迷失在归途中，找不到自己的家了吗？它们会不会被两天来诡异的经历和陌生的城市吓坏了，正躲在某个巷道里平复紧张的心情，或者醉心于原野中的捕猎呢？我不敢确定。第二天，我又去视察。这一次，我欣喜地发现了五只胸前有两个白点的工人在工地上积极劳作着，仿佛什么事都没有发生过一样。

节腹泥蜂所展现出来的惊人的能力让我想到了鸽子。即使鸽子被人们从鸽棚里取出来，带到很远的地方，它也能够迅速地返回鸽棚。然而节腹泥蜂的体积只有一立方厘米，而鸽子的体积不止一立方分米，足足是节腹泥蜂的一千倍！如果动物的体积和飞行能力成正比的话，鸽子要比节腹泥蜂强多少哇！节腹泥蜂被运到三千米远的地方也能够返回自己的窝，鸽子如果想要公平竞争的话，至少要从三千千米

远的地方开始飞，中间的距
离是法国由南到北最远距离
的三倍呀！我不知道有没有信鸽可
以完成这样的壮举。然而，正如翅膀的
强有力与否是不能用长度来衡量的，动物的本能的高低更不能用体积
来考虑。我只能说，节腹泥蜂和鸽子都是飞行的高手，当它们被人为
地弄得背井离乡时，都能迅速而准确地回到自己的家园，两者显然不
分伯仲，各有千秋。

　　我的实验虽然证明了节腹泥蜂本能的地形感，却并不能解释这种
本能。节腹泥蜂在我的实验中，都是被放在黑漆漆的密闭纸盒里，运
到一个完全陌生的地方，自始至终它们都不清楚自己身处的地点和方
向。对于没有经历过的东西，昆虫是不可能有记忆的。它们肯定不是
靠着卓绝的记忆力找到回家的路的。纵使它们向天空奋力展翅，到达
一个开阔的高处，记性也不可能成为一个好用的指南针，给它们指明
家在哪里。可以说，在这个实验中，记忆力几乎没有起到一点作用。
指引节腹泥蜂回到家园的，只能是一种比单纯的记忆还要好用的
东西：一种专门的本领，一种独特的地形感。这种与生俱来的本
能，在我们人类身上却找不到，所以我们无法确立同样的概念，
更不可能感知昆虫的感受。这种敏锐而精确的本领，在昆虫和
鸟的身上那样明显和普遍，但对人类来说又是多么难得和可
贵。为了进一步研究本能的优势和缺陷，我继续做了
几项实验。

　　泥蜂的洞穴搭建在滚滚黄沙中。每当它准
备动身外出给幼虫寻找猎物时，它总会一面后
退着从洞穴里出来，一面仔细地把沙子扒到洞

口堵住入口。直到入口淹没在沙地里，和其他地方的沙子看起来没什么两样，它才放心离去。过了一会儿，它带着猎物回来，很轻松地找到了洞穴的入口，这对它来说根本不是什么难事。我现在需要采取各种恶作剧的手段改变现场，让泥蜂认不出自己的洞穴。要怎样才能瞒住判断力如此敏锐的泥蜂呢？我首先采取的办法是用一块平板石头把洞穴的入口盖住。过一会儿，泥蜂回来了。在它外出期间，家门口已经发生了重大的变化，但是它似乎并没有什么困惑，也没有丝毫的犹豫，立即向石头奔去，开始挖掘。它没有费多大力气在那块石头上，而是在与洞口相应的那个部位挖呀挖。由于障碍物过于坚硬，它很快放弃了。泥蜂围着石头左转转，右转转，似乎转了个念头，钻到了石头底下，开始朝着窝的方向准确挖了起来。看来这块平板石头根本难不住机灵的泥蜂，我只能换另外一个办法。

我用手帕把泥蜂赶到远处，不让它继续挖掘，因为眼看它就要挖到洞穴了。泥蜂似乎受到了惊吓，好长时间没有回来。我在这段时间内，设下了另一个圈套。我发现在不远处的路上有牲口的新鲜粪便，路边还有木块。我把粪便挑了过来，一块块地弄碎，撒在洞口和洞穴的周围，至少有四分之一平方米大小，一法寸厚。临时做实验就要求实验者善于利用周围一切可以利用的东西。泥蜂肯定从来没有见过这样的家门，粪便的颜色、性质和气味可能会把泥蜂弄得晕头转向，不知所措。泥蜂会不会因此上当呢？在我的期盼中，泥蜂回来了。它站在高处审视了一番自己的家门，门口一片混乱，已经完全不是它离开时的模样，情况显然出乎它的意料。过了一会儿，它跳到了粪便层的中央，钻进带有粗纤维的粪团中，正对着洞穴的入口挖起来，一直挖到有沙子的地方，在那里它立即找到了洞口。实验又失败了！我抓住泥蜂，再次把它赶到远处。即使窝已经被用全新的方式掩盖起来，它还是无比准确地扑向了洞口，这证明了它至少不是单纯地靠着目光和记忆力的指引找到窝的。

那么，指明灯究竟在哪里呢？是嗅觉吗？刚才的粪便不是已经发出了逼人的气味吗？但昆虫并没有失去那种敏锐的判断力。我决定再用另外一种更强烈的气味来试一试。正好我的昆虫学工具囊中有一小瓶乙醚。我把粪便层扫干净，将一层虽然不厚但面积很大的青苔铺在沙上。远远看见主人回来，我立刻把瓶中的乙醚洒在上面。乙醚的气味太强烈了，泥蜂起初不敢走近，但它只是犹豫了一下，就立刻扑向还在散发着强烈气味的青苔，迅速地穿过障碍物，钻进自己的窝里。不管是乙醚的气味还是粪便的气味，都没能让泥蜂迷失，看来指引它找到窝的，是一种比嗅觉更可靠、更有把握的东西。人们可能会认为，指引昆虫行动的感官存在于触角当中。为了证实这种说法，这一次，我抓住泥蜂，把它捏在手中，连根剪断它的触角。昆虫在我的手中疼得瑟瑟发抖，它惊恐万分，我一松手它就一溜烟地逃走了，好久都没有回来。就在我等得不耐烦，快要放弃的时候，它还是回来了，而且一回来就准确地扑向了自己的窝——已经被我在足够的时间内装饰一新的窝：我用核桃大的卵石整个盖住了泥蜂的窝的位置。对于昆虫而言，这卵石无疑大过了布列塔尼❶的拱形建筑物，大过了卡纳克前期遗留下来的巨石林❷。但是已经被剪断触角的昆虫并没有因此而掉入我的迷魂阵，它和器官完整的昆虫一样，轻而易举地找到了入口，仿佛从来没有受到过任何外来的

> ☆阅读与写作
>
> 　用"迷魂阵"来比喻被装饰一新的窝，形象地写出了泥蜂找出原窝位置的难度之高。

昆虫一样，轻而易举地找到了入口，仿佛从来没有受到过任何外来的

---

❶ 布列塔尼：法国西部的一个地区。
❷ 巨石林：卡纳克的巨石林有多达三千根巨石柱，是人类石器时代的遗迹。

伤害。颜色、气味、材料甚至是肢体伤害，没有一种方法能阻挠泥蜂找到自己的窝，甚至不能让它对家门的位置产生丝毫犹豫。我很难理解，在视觉和嗅觉都因我的设计而发生偏差的情况下，这种昆虫究竟是凭借着什么我们难以理解的官能，抑或是某种神秘的指引，找到自己的家的呢？

过了几天，我又进行了一次实验，这次的结果让我走出了迷雾，我开始从一个全新的角度思索这个问题。我们当然了解，雌蜂执意要回到蜂窝就是为了幼虫的食物。要走到幼虫那里，就必须首先找到蜂窝的入口。幼虫和入口是这整个行动的关键所在。

我觉得，这两个问题可以分开来单独考虑，要进行观察可能相当麻烦。于是，我用刀刃把沙子一点点刮掉，把泥蜂的窝的天花板整个掀开来，但没有破坏它里面的原貌。所幸这个窝埋得并不深，几乎是水平放置的，泥沙也并不坚硬，我操作起来没有遇到什么困难。这时候，蜂窝的整个屋顶都没了，原本在底下的房屋成为一条露天的、弯弯曲曲的小沟，像一条未完工的渠道。渠道有两分米那么长，位于洞口的一端可以自由进出，另一端则是封闭的小凹洼，食物堆放在那里，幼虫就躺在食物上。虽然我掀掉了天花板，但丝毫没有碰屋子里的东西，一切还都是井然有序，少的只是一个遮挡阳光的屋顶而已。现在，这个隐庐暴露在了光天化日之下，沐浴在阳光中。目之所及，屋子里一览无余：前庭、巷道、尽头的卧室，堆成一堆的直翅目猎物，幼虫安然地躺在其中。做完这些准备工作之后，我耐心地在原地等待着泥蜂回来。

泥蜂终于回来了，它径直走向已经不存在的、只剩下门槛的门。我看到它长时间地在门外的沙地上挖掘、打扫，把沙子掀得漫天飞舞，仿佛要挖出一条新的巷道似的，不屈不挠地寻找着那扇活动的门。其实泥蜂只要头一拱，门槛就会塌下来，它就能进去。可是这次它遇到的不是活动的材料，而是还没有被翻动过的坚实的土地，坚硬的地面让它警觉起来。于是，它回到地表继续探索。接下来的这段时间里，它始终在偏离洞口至多几法寸的范围内，来来回回打扫了不下二十次，没有走远，执拗地相信它的门一定就在这附近而不是别处。我用草茎轻轻地将它拨到另一个地方，它立即又回到它的门所在的地点。我再把它拨走，它还是一样回来，说什么也不上当。过了许久，它似乎注意到了原来的巷道变成了一条露天的渠道，但只是稍稍注意到而已。它试探着向里面走了几步，不停地扒沙子。有两三次，它几乎走到了那条沟的尽头，到了幼虫居住的小凹洼处，但它显然只是漫不经心地扒了两下，就急急忙忙地返回身，回到入口处继续执拗地寻找着。一个多小时过去了，泥蜂的执着让我不耐烦了，但泥蜂由于徒劳的寻找变得更加固执，还是没有任何成果但又毫不动摇地在大门处寻找着。

即使找不到熟悉的大门，泥蜂总该认识自己的幼虫吧？这可是它捕捉猎物的根本目的呀！我对这个问题同样感到好奇。但是，眼前这只泥蜂显然已经被突发的无法解释的状况弄晕了头脑。它被一种想法纠缠着，困惑不解，只能沿袭着本能做下去，丝毫没有注意到在小沟的尽头，幼虫在灼热的阳光的炙烤下，在已经咀嚼过的一些食物上面焦躁不安地扭动着。幼虫的表皮是那么娇嫩，它刚刚从温暖潮湿的地下骤然暴露在酷热的阳光下，它可是习惯于生活在黑暗当中的呀！可是母亲却丝毫没有改变自己的行为。它就停在原来的大门所在处，不间断地挖掘打扫，有时候会在周围掘两下土试试看，但很快又回到原地，就是不往巷道里探索，仿佛丝毫不操心自己饱受煎熬的孩子。

对于母亲来说，这幼虫就跟散乱在地上的小石子、土块、干泥巴之类的东西没什么两样，根本不值得注意。母亲的心思全都放在找到它所认识的通道上。它只需要找到入口的门，门对它而言比什么都重要，是它已经习以为常的东西。但是，这条路其实是畅通无阻的，没有什么能阻拦母亲。孩子就在母亲的眼前受着煎熬，它才是母亲做这一切的最终目的呀！如果母亲足够理智，那么它应该赶快挖一个新窝，至少也是一个简单的竖井，把婴儿藏在里面使其免受太阳的炙烤，但它却固执地寻找一条早就已经不存在的通道。

经过长时间的试探，也许是因为模模糊糊的记忆的指引，也许是因为堆积的猎物散发出了香味，泥蜂慢慢走进了已经成为小沟的过道里。它一下往前，一下往后，漫不经心地东扫扫西扒扒，终于走到了巷道的尽头，见到了自己的幼虫。让我极度惊讶的事情发生了：泥蜂母亲根本不认得它的孩子！它急急忙忙地走来走去，从幼虫身上踩过，毫不留情地践踏自己的婴儿。它一下把幼虫踢到旁边去，一下又将其推搡、撵走，仿佛那不是自己的骨肉，只是一块妨碍自己工作的没有生命的大石头。幼虫受到母亲粗暴的对待，本能地想要自卫，于是，它抓住母亲的一条腿，像吃自己的猎物一样咬了上去。

惊慌失措的母亲激烈地挣扎着，终于摆脱了凶狠的大颚，扑扇着翅膀逃走了。我所想象的温馨的相会，殷切的关怀，母子之间浓浓的亲情展示，完全被眼前这景象击溃了。

在动物所具有的所有情感中，母爱无疑是最强烈也是最能激发才智的。但我看到的泥蜂母亲，不但冥顽不灵，而且对自己的孩子漠不关心，甚至粗暴对待。如果不是我对节腹泥蜂、大头泥蜂以及其他各种泥蜂都反复做过测试，我真不敢相信自己的眼睛。

特别是幼虫咬母亲和企图吃母亲这样的情景，如果没有观察者的插手，是不会产生这种有悖伦常的事情的。母亲在受到攻击后逃出了过道，又回到了它熟悉的家门口，继续进行着劳而无功的挖掘。而幼虫呢，它被母亲强壮的腿甩到了一边，挣扎扭动着，直到死去也不会得到任何救助。母亲已经完全不认得它了。如果我们第二天再到小沟那里去，就会发现幼虫已经被太阳烤成了一具干尸。

泥蜂母亲归根结底要找的是什么呢？自然是幼虫。但是要找到幼虫，就要进窝；而要进窝，就要首先找到门。这就是本能行为之间的联系，即使是面临最重要的情况，这些行为依然无法打乱从前的顺序。所以，即使洞口已经打开，巷道畅通无阻，幼虫近在眼前甚至正在承受着折磨，母亲也视而不见。对它来说，至关重要的就是找到熟悉的门，否则接下来的一切都没有意义。

本能和智慧的区别，就在于是否能够认识到行为的终极目标和意义。如果由智慧指引，泥蜂母亲会抛开所有不重要的细节，毫不犹豫地扑向自己的孩子，正如我们人类所能做到的一样。但由于它受到的只是本能的指引，所有行为就像是被按照某种固定顺序排列好的一样，如果前一个行为没有完成，后面所有的行为就都不会继续。

跟法布尔学观察

法布尔在进行实验的时候，先是从最基本的实验开始——将雌性节腹泥蜂带离洞穴。后来，为了进一步探索本能的优势和缺陷，法布尔又连续做了四个实验，从颜色、气味、材料等方面改变泥蜂洞穴周围的环境，甚至剪断泥蜂的触角，最后又再次从一个全新的角度——视觉做起实验，从而一步步得出实验结论。在科学研究中，法布尔的这些创造性实验方式，无不彰显出他的智慧。但是法布尔剪断泥蜂触角的行为是实验所需，我们切勿模仿。

我的观察笔记

在对事物的观察和实验中，写好观察笔记是十分重要的，这有助于我们更有条理地整理思路。做表格就是写观察笔记的重要形式之一。

实验目的：探究泥蜂是怎样记住路线的

实验工具：雌性节腹泥蜂、颜料、纸袋、剪刀、平板石头、粪便、乙醚等

实验步骤	实验现象	结论
将一些做好记号的雌性节腹泥蜂封闭在纸袋中，带至距离洞穴大约两千米的原野和大约三千米的城市放飞。	泥蜂成功返回洞穴。	泥蜂具有与生俱来的本能——独特的地形感。颜色、气味、材料甚至是肢体伤害，没有一种方法能阻挠泥蜂找到自己的窝，但泥蜂本能行为之间的联系是不以打乱这些行为的顺序为前提的。
用平板石头、粪便、乙醚改变洞穴周围的环境，剪断泥蜂的触角。	泥蜂成功返回洞穴。	
把泥蜂的窝的天花板整个掀开。	泥蜂执着地寻找早已不存在的曾经熟悉的大门和通道。	

天牛和它的幼虫

　　我年轻时曾经对肯迪拉克的雕塑非常崇拜。他认为天牛极有天赋，它们仅仅依靠嗅一朵玫瑰花的香味，便能产生各种各样的念头。我曾深信这种形式上的推理达二十年之久。听了这位教士富有哲学思想的神奇说教，我感到十分满足。我也曾天真地以为我只要嗅一下，雕塑就会活过来，甚至产生视觉、记忆、判断能力和其他所有心理活动，就像往平静的湖水中投入一粒石子那样激起无数涟漪。可最终在良师——昆虫的教育下，我放弃了不切实际的幻想。昆虫所提出的问题比起教士的说教更加深奥，就像天牛即将告诉我们的那样。

　　寒冬来临，天空时常显现灰色，这时候我便开始准备储存冬天取暖用的木材。我日复一日地写作，让这忙碌带来一点点消遣。我再三叮嘱，要伐木工人为我在伐木区内选择年龄最大且全身蛀痕累累的树干。他们认为优质的木材更容易燃烧，因此觉得我的想法非常好笑，可能还在暗地里猜测我为什么会选择蛀痕累累的木材。这些忠厚的伐木工人，最后还是按我的叮嘱为我提供了相应的木材。或许他们不

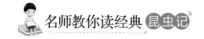

懂，但我这样做当然有我的道理。

现在我就开始观察这些被虫蛀过的木材。漂亮的橡树树干上留下了一条条清晰的蛀痕，有些地方甚至被开膛破肚，带着皮革气味的褐色眼泪在伤口处闪闪发光。树枝被咬，树干被啃噬，树干的侧面又会发现什么呢？我发现了一群被我视为财富的研究对象。你看，干燥的沟痕中，已经有各种各样的昆虫做好了越冬的准备。走廊是扁平的，这是吉丁虫的杰作；壁蜂已经用嚼碎的树叶在长廊中筑好了房间；切叶蜂也在前厅和卧室里用树叶做好了休息用的睡袋；在多汁的树干中则休憩着神天牛，它们才是毁坏橡树的幕后真凶。

相对于生理结构合理的昆虫，天牛幼虫是多么奇特呀！它们就像是蠕动的小肠。每年的这个时节，我都能看见两种不同年龄的天牛幼虫，有一根手指粗的是年长的幼虫，粉笔大小的是年幼的。此外，我还看见颜色深浅不同的天牛蛹和一些天牛成虫，它们的腹部呈鼓胀状。一旦天气转暖，它们就会从树干中出来。天牛在树干中要生活三四年，天牛是如何度过这漫长而又孤独的囚徒生活的呢？天牛幼虫在橡树树干内缓慢地爬行，挖掘通道，把挖掘留下的木屑作为食物。修辞学中有"约伯的马吃掉了路"的比喻，而天牛就恰恰是吃了自己的路。天牛黑而短的大颚极其强健，像木匠的半圆凿，虽无锯齿，却像一把边缘锋利的汤匙，天牛用它来挖掘通道。被钻下来的木屑经过幼虫的消化道后被排泄出来，堆积在幼虫身后，形成了一道被啃噬过的痕迹。幼虫吃完筑路工程所挖出来的碎屑后，就有了前进的空间，幼虫边挖路边进食。幼虫不断前进，不断消耗碎屑。随着工程的进展，道路就被挖出来了。所有的钻路工都是这样工作的，这样既可以获得食物，同时又可以找到安身之所。

天牛幼虫将肌肉的力量集中于身体的前半部分，使之呈杵头状，

这样做恰恰是为了使两片半圆凿形的大颚能顺利工作。吉丁虫幼虫也是很优秀的木匠，它也是以同样的姿势进行工作的。吉丁虫幼虫的杵头更为夸张，猛烈挖掘坚硬木层的那部分身体，有着非常强健的肌肉；身体的后半部分跟在后面，显得比较纤细。大颚可作为支撑，强劲有力，是很好的挖掘工具。天牛幼虫嘴边有黑色角质盔甲围绕，这可以加固半圆凿状的大颚。此外，它还有像缎面一样光滑细腻、像象牙一样洁白的皮肤。这光泽和洁白来源于幼虫体内丰富的脂肪层。昆虫饮食如此缺乏，却还能有这样的脂肪，简直令人难以相信。是呀！天牛唯一的工作就是不断地啃咬、咀嚼，它只能从不断进入胃里的木屑那里找寻一点可怜的营养。

　　天牛幼虫的足分为三节，第一节是圆球状，最后一节是细针状，长只有一毫米。这些都是退化了的器官，对于爬行没有任何帮助。又因为身体过于肥胖，它们够不到支撑面或是不能单独支撑身体。天牛的爬行器官是什么样子的呢？我们先进行一下对比。花金龟幼虫已经向我们展示了，它把普通习俗颠倒过来，用纤毛和背部肌肉仰面爬行。天牛幼虫与花金龟幼虫有些类似，只不过天牛幼虫更为灵活。它既可以仰面爬行，也可以腹部朝下爬行，用爬行器官来代替它胸部软弱无力的足。天牛的爬行器官非常独特，它有违常规，生长在腹部。

天牛幼虫腹部有七个体节，背腹面各有一个四边形的步泡突，步泡突可以使幼虫随意膨胀、突出、下陷、摊平。以背部血管为界，背面的四边形步泡突再分为两部分，而腹面的四边形步泡突却看不出是两部分。这就是天牛幼虫的爬行器官，类似棘皮动物的步带。天牛幼虫倘若想要前行，就必须先鼓起后面的步泡突，压缩前面的步泡突，只有这样才能前行。由于通道表面粗糙，后面的步泡突就可以把身体固定在窄小的通道壁上，后面的步泡突此时可以用来支撑身体，压缩前面步泡突的同时尽量伸长身体，缩小身体直径，这样它才能向前滑行半步；当身体向前伸长后，还必须把后半部身体拖上来，为了实现这一目的，作为支点的幼虫前部的步泡突就必须要鼓胀起来，同时后部的步泡突放松，使其体节自由收缩，这样它跨出的一步就完成了。

天牛幼虫在自己挖掘的长廊里进退自如，就像是工件能在模子里进退自如一样，只不过它是借助背腹面的双重支撑、身体的交替收缩和放松来办到的。可是倘若背腹面的步泡突只有一面可以用，那么它就不可能前行了。如果在光滑的桌面上放置一只天牛幼虫，那么它会缓慢弯起身体乱动，然后是伸长或收缩身体，可是却寸步难行。倘若把天牛幼虫放在有裂痕的橡树树干上，天牛幼虫就可以从左到右，又

☆阅读与写作

把天牛在光滑桌面上的寸步难行与在橡树树干上的缓慢扭动做对比，强调了天牛在两种不同环境下行动的巨大差异。

从右到左，缓慢扭动自己身体的前半部，抬起，放低，而后不断重复这个动作。这是它所能做到的最大幅度的动作。为什么在前面假设的

情况下就寸步难行，而现在却可以做出最大幅度的动作呢？那是因为放置的地点不同，橡树树干表皮粗糙，凹凸不平，像被撕裂一般。观察天牛幼虫扭动时，我还发现一个很奇怪的现象。它退化的足始终没有动，看来毫无作用。它为什么会有这样的足呢？如果真是因为在橡树中爬行使它丧失了最初发达的足，那么没有脚岂不更加完美？如果没有作用，还留下这样的残肢岂不可笑？是不是天牛幼虫的身体结构不是受生存环境的影响，而是服从其他的生存法则？

天牛幼虫是不是有嗅觉呢？嗅觉一般作为寻找食物的辅助功能，可是天牛幼虫以自己的居所为食，以栖身的木头为生，根本不需要寻找食物，因此它也就不太可能具备嗅觉，各种情况也证明了这一点。为此我还做了几个实验。我在一段柏树树干中挖了一条沟痕，沟痕的直径与天牛幼虫经常居住的长廊直径相同。这段柏树树干和大多数针叶植物一样具有强烈的树脂味。而后我把一只天牛幼虫放到气味很浓郁的柏树沟痕里面，它很快爬到了尽头，接着就不动了。对于长期居住在橡树树干里的天牛幼虫来说，这突然而来的刺激气味必定会引起它的不适或是反感吧。可经过实验证明，它并没有显现出丝毫的不快或反感。倘若真的有，它应该会通过身体的抖动或夺路而逃表现出来。然而，它却没有这样的反应，它只是在柏树中找到了适合自己的位置，便不再移动了。这难道就能证明天牛幼虫不具备嗅觉了吗？为保险起见，我又做了更为缜密的实验。我将一枚樟脑球放进离天牛幼虫很近的长廊里，发现仍是没什么效果。我又用萘❶替换樟脑球做如上实验，发现仍是徒劳。通过这些毫无效果的实验，我认为，天牛幼虫真真切切地不具备嗅觉功能。

---

❶ 萘：一种有机化合物。

在天牛幼虫身上没有任何的视觉器官，像成虫那般敏锐的眼睛在幼虫身上是没有丝毫雏形的。天牛幼虫在厚实而又黑暗的树干中挖掘通道，要视力有什么用呢？和视力一样，它也不具有听觉。在橡树树干内生活，没有任何动静，听觉也就自然没有意义。没有声音的地方，要听觉还有什么用呢？倘若有对此持怀疑态度的人，我大可用实验来证明给他看。我剖开树干，留下半截通道，就能跟踪这个在橡树里工作的木匠了。天牛幼虫不时地挖掘着前方的长廊，累了就休息片刻，休息时就用步泡突将身体固定在通道内壁上，外界没有一点响动，环境很安静。我就利用它休息的时间来看看它对声音的反应。我先后尝试了硬物碰硬物发出的声音，金属打击留下的回音，锉刀锉锯的声音，但是这一切对它来说都毫无影响。天牛幼虫在这些实验中，既没有身体的抖动，也没有警觉的反应，甚至我用硬物刮擦它身旁的树干，模仿其他幼虫啃咬树干的声音，也没有丝毫的进展。看来天牛幼虫对声音真的是无动于衷。人为制造的声音，对于天牛幼虫就像是毫无生命的东西一样，它是听不到什么的。

天牛幼虫具有味觉是无可争议的。那它有着怎样的味觉呢？天牛幼虫在橡树内生活了三年，它没有其他的食物，唯有橡树而已。那么，天牛幼虫是如何用味觉器官来评判这唯一的食物的滋味呢？新鲜而又美味多汁的橡树树干应该是它的最爱，不过大部分时候树干都是干燥而没有任何味道的。虽觉得乏味，但是也没有办法，可能这就是它对自己食物的评价吧！天牛幼虫还是有触觉的，尽管它的触觉分布得相当分散，而且是被动的。任何有生命的肉体都有触觉，如果被针刺也会痛苦扭曲。总之，天牛幼虫的感觉能力就只包括味觉和触觉，并且十分迟钝。这让我想起肯迪拉克的雕塑，哲学家心目中理想的生物只有嗅觉这一种感觉能力，而且和正常人一样灵敏。可是现实生物，就好比橡树的破坏者天牛幼虫那样，却有两种感觉能力，即便两者相加，与肯迪拉克的雕塑能分辨玫瑰花的嗅觉比起来，也要逊色多了。看来现实与幻想还真是有天壤之别。

天牛幼虫虽说拥有强大的消化功能，但感觉能力却很弱，像这样的昆虫，它的心理又是什么状态呢？我脑海里时常出现怪诞的想法，比如用狗的大脑来思考几分钟，用蝇的复眼来观察一下人类。那么，事物的外表不知道会有多么巨大的改变呢！如果再用昆虫的智慧来诠释世界，那么变化肯定还要大。触觉和味觉会给已经退化的感觉器官带来什么呢？很少，也许什么都不能带来。天牛幼虫的最高智慧，就是它知道好的木块是什么味道，而未经认真刨光的通道内壁会刺痛皮肤。相比之下，肯迪拉克认为拥有良好嗅觉的天牛，是一颗闪闪夺目的宝石，是科学界的一大奇迹，是创作者精巧的杰作；它可以追忆往事，比较分析，甚至判断推理。可现实社会中，这个处于半睡眠状态下的大肚子昆虫，它会回忆吗？会比较吗？会推理吗？我给天牛幼虫做了一个诠释，把它定义为"可以爬行的小肠"。这个非常贴切的比喻也为我提供了结论：天牛幼虫所具有的感觉能力，只不过是一节小肠所拥有的全部罢了。

虽说天牛幼虫感觉能力一般，但是它却拥有神秘莫测的预知能力。尽管现在它对自己的情况一无所知，但是它能很清楚地预知未来。对于这个奇怪的观点，我想我得解释一下，以使大家明白。天牛幼虫在橡树树干里流浪的三年里，它爬上爬下，一会儿到这里，一会儿又到那里。可它始终不离开树干深处，因为这里温度适宜，环境安全，尽管有时候它会为了一处美味而放弃正在啮噬的木块。当危险来临时，这个隐居者被迫离开自己的隐居之所，挺身而出勇敢地面对外界的危险。有时候光吃还不够，它还必须迁移他处。天牛幼虫想换一个环境优良点的地方并不难，因为它有良好的挖掘工具和强壮的身体。但是成年的天牛，当它来到外界时，在它有限的生命里它会有这样的能力吗？

诞生在树干内部的长角昆虫，会为自己开辟一条逃生的道路吗？我想，依靠自己的直觉，它会解决这个困难的。虽说我有清晰的理性，可也比不过它预知未来的能力。因此，我只好求助于一些实验来证明它。从实验中我发现，天牛成虫利用幼虫所挖掘出的通道从树干逃跑根本是不可能的。三年来，幼虫始终在树干中挖掘，它是根据自己的身体直径进行工作的：由最初进入时像麦秆大小，到现在已经长成手指般粗细了。因此，幼虫进入的通道和行走的道路，已经不能作为成虫离开的出路了。况且幼虫的通道还像一个比较复杂且堆放了无数坚硬障碍物的迷宫。成虫伸长的触角、修长的足，还有无法折叠的甲壳，在曲折狭窄的通道里会有无法克服的阻碍。对于天牛成虫来说，它必须先清理过道里的障碍物，还需要大大加宽通道。这样的话开辟一条笔直的新出路要相对简单得多。可是，它具备这样的能力吗？我们拭目以待吧！

我在一段劈成两段的橡树树干中，挖凿了一些适合天牛成虫居住的洞穴。我在每一个洞穴之中，都放入一只刚刚羽化的天牛成虫。这些天牛是去年十月我储备过冬木材时发现的——那时它们还是蛹，现在派上了用场。我把装有成虫的两段树干用铁丝合围起来。六月一到，我听到了从树干中传来的敲打声。天牛成虫会逃出来，还是无路可逃？我想它们逃出来肯定不会太辛苦，只需要钻出一个两厘米长的通道就可以了。当树干不再响动的时候，

☆阅读与写作

以"我"的猜测巧设悬念，让人忍不住想要一探究竟，自然地引出下文。

没有一只天牛成虫跑出来。我将树干剖开，里面的所有俘虏全部毙命了。洞穴里只发现一小撮木屑，看来这便是它们的全部劳动成果。

天牛成虫虽然有强劲的大颚，但看来还是被我给高估了。我们都知道，好的工具并不能造就好的工人，虽然它们拥有如此优良的工具，但是这些隐居者缺乏一定的工作技巧。因此，全部毙命于我的洞穴之中。于是，我又为另外一些天牛成虫选择了比较和缓的实验场所。我找了些芦竹茎，内部用一块天然隔膜作为障碍物，隔膜有三四毫米厚，并不坚硬。我把一些天牛成虫放入这些直径与天牛天然通道直径差不多大的芦竹茎中。最后的实验结果是，有一些天牛从芦竹茎内跑出来了，另外一些不够勇敢的天牛则被隔膜堵住，没有跑出来，死在了芦竹茎内。倘若要求它们必须钻通橡树树干，那又将是怎样一幅景象啊！

我深信即使天牛成虫体魄再强健，只依靠它自己的能力，也是无法逃出来的。开辟解放之路，还得靠小肠似的天牛幼虫的智慧。天牛的解放之路很像卵蜂虻的壮举。卵蜂虻的蛹身上有钻头，是为了以后长有翅膀却不能钻出通道的成虫准备的。不知被一种什么样的神秘预感推动，天牛幼虫离开了自己的家园，离开了无法被攻破的城堡。它们爬向树表，尽管外面危机四伏，它们的天敌啄木鸟正在寻找着美味多汁的昆虫。它们很是勇敢，冒着生命危险，执着地挖掘通道，直到橡树表层，只留下一层薄薄的阻隔作为窗帘掩护自己。这窗帘就是天牛成虫的出口，它只需要用大颚或足轻轻挑破这层窗帘，就可以逃生了。有些幼虫则似乎有些冒失，它们甚至捅破窗帘，直接就留一个窗口。如果窗口是畅通的，成虫就无须再多做无用功，就可以从已经打开的窗口逃走，这也是常有的事情。因此，身披古怪饰物、笨手笨脚的天牛成虫，等到天气转暖，就会远离黑暗的监狱，重获光明和

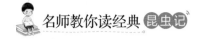

自由。

为自己将来做好打算之后，天牛幼虫就开始着手眼前的工作。挖好窗户后，它退回到长廊中不太深的地方，并在出口处一侧凿了一间蛹室。天牛幼虫从房间壁上锉下一条条的木屑，这便是细条纹纤维质木屑做的呢绒，天牛幼虫将这些呢绒贴回到四周的墙壁上，铺成一层约一毫米厚的挂毯。天牛幼虫把房间四壁都装饰上了这种莫列顿呢绒挂毯。这就是这个质朴的幼虫为自己的蛹所精心准备的杰作。我还从来没见过陈列如此豪华、壁垒如此森严的房间。蛹室是宽敞的窝，它呈扁椭圆形，长达八十到一百毫米，截面的两条中轴长度各不相同，横向轴长为二十五到三十毫米，纵向轴长只有十五毫米。这个尺寸比成虫的长度还长，因此，适宜成虫在里面自由活动。天牛幼虫为了防御外界敌害，还专门为房间加上了封板，这封板就是所谓的壁垒。它一般有两到三层，外边一层由木屑构成，是天牛幼虫挖出来的残屑，里边一层是一个矿物质的白色封盖，呈新月形。最内侧还有一层木屑位于封盖的凹处，与前两层连在一起，可这也不是绝对的。有了这么多层壁垒的保护，天牛幼虫就可以安安稳稳地待在房间里化蛹了。当打破壁垒的时刻来临时，这样的房间也不会给天牛成虫造成任何行动上的不便。

那层堵住入口的矿物质封盖，也许是壁垒当中布置最奇特的部分。这个白石灰色封盖呈椭圆形帽状，外面呈颗粒状突起，好似橡栗的外壳，内部光滑，其成分主要是坚硬的含钙物质。这层封盖是天牛幼虫用稀糊一口口筑成的，外表的突起结构就是证明。由于天牛幼虫触碰不到封盖外部，无法进行户外作业，修饰也就无从谈起，因此外部凝固成突起的颗粒；内侧触手可及，且在其能力范围之内，所以内壁被锉得平整、光滑。天牛幼虫向我们展示的这个精妙的标本——奇特的封盖，它到底有什么性质呢？它像钙那样坚硬且易碎，不用加热就可以溶解于硝酸，并释放气体。一小块封盖在硝酸中往往需要数小时才能溶化，其过程是相当漫长的。溶解之后，剩下的看上去像是一些类似有机物的黄色絮状沉淀物。倘若加热，封盖就会变黑，这说明其中含有可以凝结成矿物的有机物。在溶液中加入草酸氨后，溶液会由清澈变浑浊，并留下白色沉淀物。从这些现象当中，我们大概可以知道封盖中含有碳酸钙。我还试图从中找出一些尿酸氨的成分，但是徒劳无功，尽管这种成分在昆虫化蛹过程中很是常见。因而，我可以断定，封盖仅仅由碳酸钙和有机物组成，这种有机物很可能是蛋白质，是它使得钙体变硬。

假使条件再好一些，我很可能早已经找到天牛幼虫分泌石灰质物质的器官了。天牛幼虫的胃是个能进行乳化作用的生理器官，对于它能够提供钙物质，我深信不疑。胃从食物中直接得到钙，或是经过分离得到，或是通过与草酸氨的化学反应获取。在幼虫期即将结束时，它将所有异物从钙中剔除，并把钙保存下来，留待设置壁垒时使用。我对这个石料加工厂并不感到惊讶，工厂经过转变后，开始进行各种不同的化学工程。某些昆虫，比如芫菁科昆虫西芫菁就是通过体内的化学反应产生尿酸氨的；飞蝗泥蜂、长腹蜂、土蜂则在体内产生生漆以供蛹室所用。今后我的研究还将发现更多不同器官生产的各种不同的产品。

修好通道，用绒毯将房间装饰完毕，再用壁垒封起来后，灵巧的天牛幼虫便完成了蛹期前的一切准备。于是此时，它便放弃手中的工具，进入了蛹期。身处襁褓期的蛹非常虚弱，它躺在柔软的睡垫上，头始终朝着门的方向。从表面上看，这些细节都无关紧要，可实际上却是极为重要的。由于天牛幼虫身体柔软，可以在房间里来回随意翻转，因而头朝哪个方向都无关紧要。一旦天牛成虫从蛹中羽化出来，它浑身就穿上了坚硬的角质盔甲，因而失去了自由翻转的能力。天牛成虫无法将身体从一个方向挪到另一个方向，甚至还会因为房间狭窄而无法自由屈伸。为了避免自己被囚禁于自己所建造的房间里，它必须将头朝向出口处。倘若幼虫忽略了这个细节，它将头朝向房间底部，那么，结果必将是死路一条。它生命的摇篮就会成为它无法逃脱的牢笼。

可我们无须为此担忧，这节充满智慧的"小肠"还是会为自己的将来打算的，它不会忽略这个细节而头朝里进入自己的蛹。暮春时节，体力恢复的天牛，开始向往光明，想参加那光辉灿烂的节日，于是它欣欣然地出发了。挡在它前面的是什么呢？无论什么都无法阻挡它要出去的心情。首先是一些木屑，两三下就可清除；接下来就是一层石灰质的封盖，它无须打破，只要用坚硬的大颚一顶或是用足一推，这层封盖便会整块松动，从框框中脱落——我发现被废置的封盖往往都是完好无损的；然后，开始清除第二层由木屑构成的壁垒，它与第一层一样，清除起来都非常容易。到现在为止，通道已经畅通了，天牛成虫只要沿着通道准确无误地往外爬即可。如果窗帘一开始是拉上的，没关系，只要它咬开这层薄薄的窗帘就可以出去晒太阳了。天牛一出来就激动不已，长长的触角不住地颤抖。

天牛对我们有怎样的启示呢？天牛成虫对我们没什么启发，但是它的幼虫却对我们有着非常重要的启示。这个小家伙虽说感觉能力差，但是它的预见能力确实很奇特，发人深省。它知道未来天牛成虫无法穿透橡树，从中逃走，就冒着生命危险，亲自动手为成虫挖掘逃生通道。它知道未来成虫身披坚硬盔甲，无法自由翻转身体，怕它到时候找不到房间出口，就心甘情愿地把头朝向出口而卧。它知道蛹的肌体纤弱，就用纤维质木屑的绒毯为它布置房间。它知道在漫长的蛹期随时会有敌害来侵略，于是为了修建壁垒，便在自己的胃里储存石灰浆。它能够预知未来，更准确地说，它是按照自己的预见来完成这些工作的。它这些行为的动机从何而来呢？我想当然不是靠感觉。它对于外界知之甚少，我不想再重复，也就只有一段小肠所能知道的那么多而已，可这贫乏却令人拍案叫绝。那些所谓的头脑灵活的人，只想象出一种能够嗅出玫瑰花香味的肯迪拉克似的动物，却没有想象出一个具备某种本能的形象。对此，我十分遗憾。我多么希望他们也能很快认识到：所有动物，当然也包括人类，不仅仅有感觉能力，还拥有某些潜在的生理机能，某些先天具备的并非后天学习的启示。

☆阅读与写作

连续运用四个"它知道"构成排比，透彻地说明了天牛幼虫奇特的预见能力。

昆虫 小 百 科

昆虫名： 天牛

种　类： 已知两万五千余种，中国有两千余种，常见的有星天牛、桑天牛等。

形态特征： 一般体呈长椭圆形，触角比身体长。大型天牛体长可达十一厘米，小型天牛仅四五毫米。

生活习性： 幼虫喜食树木枝干，所以亦称"锯树郎"。

大头黑步甲

　　七月的一天，在拂晓的清凉和宁静中，我在海滩上采集植物标本。我第一次采集到高山钟花，这种花在浪花拍击的岸边，拖着碧绿发亮的细叶和玫瑰红的钟形花冠，非常稀罕。扁平蜗牛，一种奇怪的蜗牛，把身体缩进它那流线型而且扁平的白色外壳里，成群结队在禾本科植物上小睡。干燥的流沙上呈现出一条条长长的细痕。在孩提时代，这些足迹曾令我激动、兴奋和愉快。而眼下这些痕迹意味着什么呢？我搜索这些痕迹，就像猎人跟踪新的猎物一样。在这些痕迹消失的地方，我向下挖掘，在地下不深的地方搜寻到一种漂亮的步甲——大头黑步甲。正是它在夜间寻找猎物时留下了这些足迹，天亮以前，它才回到窝里。

　　我让这只黑步甲在沙上行走，它丝毫不差地再现了引起我注意的那些足迹。它展示出的一个习性使我非常感兴趣。这只黑步甲一受到骚扰就仰卧在地，长时间纹丝不动。其他昆虫以前还从未表现出这样的顽固劲。它这样长时间地一动不动，给我留下强烈的印象。

沿海地区的黑步甲是粗暴的猎人。它身体漆黑发亮，像只煤玉首饰，腰部极度束紧，使它的身子看上去几乎一分为二。它的进攻武器是一双异常有力的大颚，这样的装备，在昆虫中极少有谁能与之匹敌。强暴凶狠的黑步甲，对自己的力量心中有数，充满自信。如果我把它放在桌子上，骚扰它，它会立刻显出一副决斗的防御架势：它把身体弯成弓形，紧缩身架，几乎把身体折为两截；前足举起，露出像耙子那样的细齿；身体的前半部高傲地抬起，将长得像心脏的宽阔的胸廓展露出来；脑袋硕大无比，那可怕的大颚尽量张开，令人望而生畏。它摆出搏斗的架势，甚至敢于向碰触它的手指冲过来。

我把新得到的黑步甲们安顿在钟形金属网罩下，少数放在短颈广口瓶里，两处都在底部铺上沙土。那些虫子立刻分别为自己挖起洞来。它们用劲弯下脑袋，用聚拢成铁镐般的大颚刨土挖洞。它们张开

☆阅读与写作

　　准确、形象地写出黑步甲们挖洞的样子。

109

前爪，爪上有钩，把挖起的土聚拢起来，向后推到外面，在又小又脏的家门口堆起一座小丘。

小洞迅速加深，通过一道缓坡到达底部。黑步甲在停止向纵深方向的挖掘后，转而向水平方向挖起来，一直挖到将有一尺远处为止。

在广口瓶中，黑步甲挖掘的地道基本贴着玻璃瓶壁。如果我想观察它在地下的活动情况，只需稍稍抬起我小心地用来罩住广口瓶的罩子就行。罩子不透光，可以让虫子避开讨厌的光线，安下心来。

黑步甲在认为自己的巢穴深度足够了以后，便会回到洞的进口处。黑步甲对这个地方的加工十分仔细，它把这个进口修成一个漏斗的形状，一个四壁成为斜坡的深坑，口大底小。这里修造得平整结实，没有一星半点塌落的泥屑。在漏斗的下面是平坦宽敞的地道前厅，格斗士黑步甲平时就隐蔽在那里，一动不动，大足半开，等待时机。

什么东西发出轻微的声响？是我刚刚放进去的一只蝉。这可是一道奢侈的大餐，半睡半醒的设陷阱捕猎者黑步甲立刻醒来。因为垂涎欲滴，它的触角微微颤抖着。它小心翼翼，一步一步爬上斜面上部。它朝洞外窥探一下，看见了那只蝉。

黑步甲从井坑里腾跃而起，冲出井口，向蝉扑去，抓住它向后拖。由于洞口布好了陷阱，双方的搏斗十分短暂。这个陷阱像漏斗那样张着口，非常方便收纳大个头的猎物。它下部缩小，变窄，形成一道悬崖绝壁，任何抵抗在这里面都会迅速陷于瘫痪。漏斗的斜坡是致命的，外来者一旦误入就会迅速滑落。蝉的脑袋朝下，整个身子陷进深坑。劫持者在坑内一阵阵拖拽，把它拖进扁圆形的地道。地道很窄，蝉完全停止了翅膀的扑动。在地道尽头的肢解厅，黑步甲用大颚折磨拖进来的蝉，直到蝉完全无法动弹，黑步甲才又回到上面。

有了可口的食物，黑步甲要不受干扰地享用它，所以，它需要大门紧闭，以防不速之客闯入。这时，它用挖洞时堆积的小土丘，把地道口封堵起来，然后回到下面，入席就餐，狼吞虎咽。只有当它享用完食物并且食物充分消化，饥饿再度来临时，黑步甲才会重新去修补进口，重设陷阱。我看到黑步甲是一种强悍胆大的虫子，无论它的敌手身材魁梧，还是野蛮凶猛，都吓不住它。刚才我就看见，黑步甲从地下爬上地面，向路过者冲去，还隔着相当距离，它就伸出爪子抓住对手，强拉硬拽，把对手拖进屠宰场。花金龟、鳃角金龟是它很平常的猎物；它还进攻蝉；敢于用自己的獠牙咬住胖大的松树鳃角金龟，真是胆大包天的家伙，什么坏事它都敢于动手。黑步甲留在沙上的长长的足迹告诉我们：为了寻找足够大的猎物，它常在夜间巡猎。捕猎的对象常常是黑绒金龟，有时是半边带斑点的金龟。

对于新捕到的猎物，黑步甲并不当场吃掉，而是用钳子般的大颚咬住，强拽猛拖进自己阴暗而宁静的地下庄园，然后从容不迫地享用。它的洞口修得宽大而内壁光滑，像火山口一样，不论猎物多么粗壮，黑步甲从下面很容易地就能将其拖拽下去。一旦猎物滑进洞口，洞口小丘的泥土就会随即压埋在它身上，使其动弹不得。黑步甲会很快地把门关好，然后放心地躲在家里将猎物掏空。

跟 法布尔 学 观 察

为了更好地观察黑步甲，法布尔借助广口瓶，为黑步甲布置了一个合适的生活环境。法布尔在观察的同时，总是善于借助一些物品，如前文在观察萤火虫时借助显微镜等。可见，善于借助外物，能让我们的观察更有效果。

粪金龟和公共卫生

　　很多昆虫一辈子似乎一直在完成一个任务，这个任务一旦完成，它们也就随之死亡了。就像步甲，很多人都认为它厚厚的胸甲可以所向披靡，殊不知，它一生的任务就是把自己的后代安顿在碎石下面，在做这些事情的时候它似乎还生气勃勃，可一旦安顿好了后代，它就立刻颓然倒地，再也没有力气了；还有蜜蜂，在人们眼中它是一个辛勤的小家伙，嗡嗡地飞来飞去，采蜜是它一辈子的工作，它的目标只有一个，就是把蜜罐装满，一旦蜜罐满了，它就好像立刻失去了生存的意义，一命呜呼了；蝶蛾也不例外，这些美丽的小家伙似乎也是为后代而活的，等到把自己一团团的卵固定好以后，就立刻死去了。但是在昆虫界却有一些小家伙是跟大家很不一样的，那就是食粪虫家族，它们在产完后代后非但不会死去，在来年的春天还会跟自己的子女们一起享受春天的生机，甚至还可以让自己家族的规模再扩大一倍，这是让人感到惊叹的。

　　研究昆虫的人很可能都会有这样的经历，就像我一样，起初我花费很多时间和精力去寻找那些让同行们啧啧称赞的昆虫，像是穿着铺满层叠状黑绒的黄色衣服的天使鱼樱天牛，身上闪着黄金和铜器的光芒而又有着绿色孔雀石的雍容高雅的火红的吉丁虫，还有拥有镶着紫水晶绳边的黑色鞘翅的步甲。每当我们一起外出寻找昆虫的时候，如果能够发现这些稀有罕见的种类，发现的人会有些得意地惊呼一声，其他的人也会随之祝贺。当然，也有一点点的嫉妒情绪在里面，因为这些昆虫实在太稀少了，能够找到的人着实是幸运的。

到了七八月份的时候，这种情况更为明显。因为这个时候，很多昆虫都因为酷暑的原因不愿从自己的洞穴中走出来，这种高温会让很多昆虫都晕头转向。但是食粪昆虫就不一样，它们整天忙忙碌碌地寻觅着粪便，并且乐此不疲，根本不去理会气温的变化。似乎在炎热的太阳下，它们工作得更加起劲了。后来我发现，我要是想大量地进行实验和观察，就要与这些成群结队的小东西为伍。因为当其他昆虫已经寥寥无几、很难找到时，我依然可以不费吹灰之力地在一堆粪便下面找到成千上万的食粪虫，像是蜉金龟和嗡蜣螂。这些东西有时候多得会让我有一种直接用铲子把它们装进口袋的冲动。

这些小东西之所以能够有这么庞大的家族也有一定的原因，那些比较稀少的昆虫其实并不是因为母亲每次只产下很少数量的卵，而是被"高贵者只能保留少数"的大自然规则无情地扼杀了。但是这些食粪昆虫就不一样了，也许自然界的操控者怜悯它们是地下的滚粪工人，是大自然的清道夫，所以它们躲过了扼杀，在田野或者草原上开心地生活。畜牧业的发达使得它们一直过着富足的生活，所以它们都是小个头的老寿星。我能够大规模地发现这些十分小的昆虫，跟它们的长寿是有很大关系的。那些比较少见的昆虫每次出游都只能跟自己的兄弟姐妹做伴，甚至有的时候只有自己。但是这些食粪虫就不一样了，它们出行的时候身边不仅有自己的兄弟姐妹，还有自己成群的后代，一簇一簇的。尽管总能看见数量很多的群体，但是每当发现一个新的家族，我还是会抑制不住地兴奋。

有时候我在想，大自然的操控者是不是一个偏心的家伙，要不然为什么他对那些乡村那么好，赐给它们两种很强大的清道夫呢？第一种清道夫就是我刚刚说的食粪虫。在乡村里，人们似乎更加随性，更加自然一些。这里没有大城市的那种干净清洁，没有有着浓烈刺鼻的氨气味道的厕所。可能有人会问，那这里的人想要方便的时候该怎么办呢？其实很简单，随便找一排篱笆，一堵围墙，只要蹲下去可以遮羞，那么这个地方就是他想要的。也许这会让很多城市里的人苦恼，他们选择乡村采风、放松，被开满牵牛花的篱笆吸引，被小围墙底下厚厚的青苔吸引，慢慢地靠近这些吸引自己的风景线，等自己想欣赏的时候，可能脸色会大变，因为他们看见了那些恶心粗俗的东西，这时什么欣赏的心情都没有了。但是如果你第二天抱着侥幸的心理再来看看，就会惊喜地发现，这个地方现在只有让你满心欢喜的风景，只有美丽的花朵，没有任何肮脏的东西，你甚至会怀疑昨天是自己的眼睛出了问题。这些小东西不仅是勤劳的不嫌脏、不嫌累的劳动者，也不仅是一个把粪料视为美味的贪吃鬼，它们还有一个崇高的任务，就是为人类的健康作出贡献。很多科学家通过研究发现，能威胁到人类健康的最恐怖的因素就在微生物身上，这些跟霉菌有些相像的东西处在植物界的最底层。它们在动物的排泄物中不停地繁衍生息，生殖能力甚至让人感到惊叹。如果不被及时处理，这些成千上万的微生物会带着我们知道的和不知道的数不清的病菌散播到各个角落。空气、水、食物，它们能落到的地方都会被污染，人类很难在这种状况下健康地生活。大自然的操控者看到这种状况后，赐给了人类一个个小家伙，就是这些小小的食粪虫，它们不知疲倦地工作着，为人们创造了一个健康的生活环境。

排泄物留在地面上到底好还是不好？答案可想而知，当然是不好。不只大自然的操控者看出了这个问题，为了生态的平衡制造了这个物种，很久以前的贤人们似乎也意识到了这个问题。作为古代以色列人的解放者也是立法者的摩西，大概是从古埃及这个神秘的帝国学到了一些预防传染病的知识。当自己的子民在阿拉伯沙漠流浪的时候，他制定了一条规矩：凡是想要方便的人，首先要带着尖头的木棍远离营地。至于为什么要带着尖头的木棍，就是在找好方便的地点后，用这根木棍在地上挖个洞，方便完之后，把挖出来的土盖在排泄物上。

还有一种清道夫是分解动物尸体的劳动者。可能有人会怀疑大自然没有那么多等待分解的动物尸体。其实是很多的，比如一条正在休息却不幸被踩死的蛇，也许它并没有害过谁，甚至是一个无毒的家伙；还有像是被农夫翻地时不小心用农具伤害致死的田鼠或是其他小动物；还有那些离开了父母的照看，不小心从树上掉落下来的小雏鸟。这些都是动物的尸体，只是很多时候我们没有注意到而已。我们没有注意，不代表那些喜欢分解、享受动物尸体的小昆虫们不会注意，像苍蝇、负葬甲、阎虫这些昆虫，不等这些尸体发出腐烂的臭味，只要它们一嗅到死亡的气息，就会立刻成群结队地出现。它们首先会把这些动物的尸体分割成自己可以消化的大小，然后细细地品尝，在胃里经过研磨吸收后排泄出来的东西又是可以为生命提供养料的部分了，整个循环就这样完美地形成了。如果没有这些勤劳的小家伙，那么尸体腐烂后的恶臭和随之产生的病菌也是让人无法忽略的。但是现在不用为这个担心了，这些小东西会很快地处理完这些尸体，把它们的肉都扒下来。很快一具尸体就变成了森森白骨，就算没有这么干净，最起码它们也会把尸体处理得看起来像一具木乃伊。时间很短，不到一天，尸体就不见了。原来那个令人恐惧的地方现在已经干干净净了。

有时候我会觉得，大自然这样有点偏心。乡村里有这样两种清道夫，恐怕永远也不用为了这些粪便或者动物的尸体而烦忧。但是大城市该怎么办呢？有时候真的很担心那些大城市很快就会被各式各样的垃圾填满，到时候满城恶臭，疫情肆虐。这个大城市里的几百万人口费尽了人力、物力和财力都无法解决的问题，在乡村里反而没有，功劳就在这些勤劳的清道夫身上。

这些清道夫的工作意义是十分重大的。它们把我们眼中的脏东西视为美味的食物，并把这些粪料分解成小块搬运到地下，为自己后代的孵化提供养分。当然，在非孵化时期，这些粪料也是它们自己的食物。它们就像是摩西训诫的拥护者一样，看见排泄物就忙忙碌碌地搬运到地下，这样病菌就没有办法传播，人们生存环境的健康指数就得到了大大的提升。可是却有很多人非但不对我们可爱的劳动者表示尊重和赞扬，反而给它们起了各种各样难听的名字，甚至还对它们施以更加暴力的行为，如用脚踩，拿石头砸。这些可怜的小家伙辛辛苦苦地为我们创造良好的生活环境，但是到头来却连最起码的理解都得不到。更过分的是，有的动物似乎仗着人类不理解食粪虫这一点，也对它们进行大规模的杀戮。但这种行为却被很多愚昧的人认为是一种很好的行为，他们认为这些动物，像刺猬、蟾蜍、猫头鹰等，都是帮助我们消灭害虫

☆阅读与写作

把勤劳的清道夫们比作"摩西训诫的拥护者"，形象生动地表现出这些清道夫掩埋排泄物的习性。

的好帮手。

但不管别人的态度怎样或是对它们做了什么不可原谅的事情，这似乎都影响不了这些食粪虫对粪便的兴趣。我们这个地区环境的保持主要靠的是粪金龟，说主要靠的是它们并不是说它们比其他的清道夫更加勤劳，而是它们强壮的体格以及它们所从事的辛苦劳动。通常这种小小的躯体能够完成的劳作量是很让人惊叹的。我家周围就有从事食粪工作的粪金龟，一共有四个种类：具刺粪金龟、突变粪金龟、粪堆粪金龟及黑粪金龟。相比较而言，前两种类型的粪金龟比较少见。所以，我没打算选择它们作为我研究的对象，因为这会大大降低我实验的效率。后面两种粪金龟的外形有点相似，让我感到十分惊叹的是，在别人眼里从事着这样低下的工作的粪金龟却有着如此华丽的外表——胸前是贵气十足的衣裳，背部乌黑发亮。在这两种粪金龟脸部

的下方都佩戴着华丽璀璨的首饰，黑粪金龟拥有的是有着黄铜般灿烂光芒的珠宝，而粪堆粪金龟拥有的是紫水晶一样美丽的珠宝。这也许是造物者补偿它们的一种方式。

我想知道华丽的外表到底有没有让它们在工作中也变得同样娇气。于是，我挑选了十二只这两个种类的粪金龟，放在同一个饲养瓶里。我事先将饲养瓶中的粪便清理干净了，因为我想计算一下一只粪金龟在固定的时间里能够处理的粪便的量。我把它们放进饲养瓶中之后就开始在门口耐心地等待。傍晚时分，一头驴子经过我家门前，并适时地排出了一大坨粪便。我把这些带回去放进饲养瓶里，我估计这些粪便的分量是足够的，对于它们来说甚至是有些庞大的，因为这些粪便被我带回来的时候差不多装了一筐子。我本以为这样大的工作量够它们好好地忙活一阵子，事实证明我又低估了这些清道夫。第二天早上，我再去饲养瓶前看的时候，我真的怀疑自己昨天下午有没有放进去那么大的一坨粪便。此时玻璃器皿内的土地上只有那么一点粪便中的碎屑，这十二位搬运工已经把所有的粪便都搬运到了地下。我大概估算了一下，要是把这坨粪便分成十二等份的话，那么一只粪金龟要搬运到地下的粪料的体积就有大约一立方分米那么大。这对于这个小东西来说简直是不可能完成的任务，但是它就在这样短的时间内完成了，不但完成得很快，而且完成得干净利落。

有时候我在想，粪金龟在地下储藏了这么多可口的食物，是不是它们会在一段时间内不再爬出地面了呢？当然不可能。盛夏的阳光可能不是它们的最爱，但是黄昏的静谧可是它们最喜欢的氛围。每每到了这个时候，它们就会成群结队地从自己的洞穴中爬出来。不管洞穴中的食物是不是已经对它们产生了极大的诱惑，这些小虫子似乎对外面的世界有着更大的眷恋，也许是因为这个时候正是觅食的好时刻。

黄昏一到，它们就齐齐地从洞里爬出来，我甚至可以听到它们窸窸窣窣的爬行声。这些被我带回来的粪金龟并没有因为环境的改变而改变

☆阅读与写作

模拟粪金龟爬行的声音，给读者以极大的想象空间，使读者如临其境。

自己的这一习惯。我在此之前早已准备好了食物，因为我知道它们这个时候肯定会像往常一样活跃。它们就这么窸窸窣窣地爬了出来，看见了我准备好的食物，又开始兴高采烈地忙碌起来。第二天早上，这里就像我想象的一样，又变得干干净净了。

如果我手头有很多它们喜欢的食物的话，我想每天的这个时候它们都会如此忙碌。有的时候我有些想不明白，它们要这么多的食物做什么呢？难道它们的食量大到跟它们小小的身躯不成正比？粪金龟每晚都外出奔波，不管自己的洞穴中已经储藏了多少粪料，它们都会辛勤地更新自己的仓库，这到底是为什么呢？眼看着饲养粪金龟的玻璃器皿中的土越来越高，我不得不重新挖走一些粪料，这样才能保证它们不从这里跑出去。挖开粪料的时候我也得到了我想要的答案，这些小东西的食量根本就不大，拨开表面的土层，下面是厚厚的粪料。实际上粪金龟每次吃得都不多，它们喜欢储藏很多的粪料，每天食用的时候就随机打开一个小仓库，取出其中的粪料作为可口的食物，吃掉一部分，剩余的部分就丢掉了。相比之下，它们丢掉的部分要远远多于吃掉的部分。所以，我之前的疑问得到了解答，它们并不是因为自己过于夸张的食量才会这么频繁地寻找食物。恰恰相反，它们是食量很小的小家伙。我要想继续清楚地进行自己的观察，就必须把这个玻璃器皿先清扫一下。当然，在清理的过程中，粪料的减少是一个必然的结果，这也是我最初清理这里的原因。但是我留下的粪料还是足以让它们在往后的日子里清闲好一阵子的。可它们并没有因此而落

得清闲，尽管白天的时候还是会兴奋地守着自己满仓的食物。但黄昏一到，它们又窸窸窣窣地向外爬，开始了新的搜集、搬运和掩埋的过程。可见，它们对食物的热情远远不及寻找食物的热情。在每天的黄昏中尽情地忙碌并不是以寻找食物为主要目的，它们更享受发现食物、搬运食物的乐趣。

整个自然界就像一个大家庭，所有的成员之间都有着或多或少的联系。事实上，动物们是给了我们很大帮助的。不管我们注意到还是没有注意到，它们都在以自己的方式为这个家庭做着贡献。从某个角度来说，我们是应该向它们学习的，就像我们在因饱经风雨而变得有些破旧的门楣上看见一个黄莺的小巢时，会觉得整个门楣显得生机勃勃。蓑蛾也一样，它们的幼虫会用自己翅膀上的鳞片来修葺那些有点残破的小茅屋。其实食粪虫也一样，人类如果可以不用那种可笑的眼光看待粪金龟的工作，那么就很容易发现粪金龟的工作对人类有很大的帮助。首先来说，由于粪金龟辛勤地劳作，地面上的清洁有了保证；其次，粪金龟的劳作是一个很奇妙的循环，我们如果细心地观察、联想，很容易发现其中的联系。一群大大小小的粪金龟把地面上的粪料忙忙碌碌地搬运到地下埋好，这块土地自然就变得比较肥沃，那么日后长在这片土地上的植物肯定就比较茂盛。就像那牛羊最爱的禾本科植物，这些一簇一簇的植物茂盛地生长起来后，牛羊就有了良好的食料，这样一来牛羊自然就长得很肥硕，这不正是我们所需要的吗？肥牛肉、羊腿肉，这又是我们的生活所需要的有营养的食物。

粪金龟搜集粪便不仅仅是盲目地追求量的积累，它们也是一群有智慧的小东西。粪料中有植物需要的养分，也有这些食粪虫需要的养分，但是养分也有保存的条件。比如长期地处于潮湿的环境当中，或是长久地曝露在日光之下，粪料里的养分就会流失，不管是对植物还是对这些食粪虫来说，这些粪料就基本没有什么利用价值了。当然这些小食粪虫也知道这一点，哪样食物对它们是有利的，是美味的，它们都很明白。所以，粪金龟在搜集粪料的时候，都会挑选相对新鲜的。因为这样的粪料中富含氮、磷、钾等元素，这样的粪料对它们来说是美味松软的食物。它们会兴奋地窜来窜去，忙忙碌碌地把这些粪料埋在地下，干得热火朝天。可是对于那些被雨水浸泡已久的粪料，或是那些在阳光下曝晒已久的、已经变得干裂的粪料，它们连看都不看。因为这样的粪料对它们来说，根本算不得食物，更谈不上美味，就算埋在地下，也不会对自己或是对土地，以及日后生长在这片土地上的植物有什么利益。

粪金龟在搜集粪料的时候不仅要考虑粪料的新鲜程度，还要考虑环境因素，所以有很多人说，粪金龟是一个小的天气预报员。田野里的粪金龟在太阳下山后才会从自己的洞穴中爬出来，但是它们爬出来搜集粪料是有前提的。如果天气很冷，刮起了大风，或是下了雨，它们都不会爬出洞来，因为这样的天气里粪料不会有什么营养，它们也没有办法在这种天气里好好地寻找粪料。它们需要热烘烘的空气，需要宁静的环境。这样的天气里它们会成群结队地爬出洞穴，热火朝天地开始寻找新鲜的粪料。若看见一块上好的粪料，它们会急切地扑上去。有时候我会被它们憨厚的行为逗得很开心。因为心中很急切，它们会有点控制不好自己的平衡。有时候它们会踉跄地在粪料旁边翻滚，然后才会停下来，之后就兴奋地开始往自己的洞穴里搬运这些新鲜的粪料。

这是田野里的粪金龟，那么我的饲养瓶中的粪金龟会怎么样呢？每天傍晚太阳下山后，我都会记录下它们的活动。第二天的时候再记录下当时的天气，然后对比前一天傍晚玻璃瓶中的粪金龟的活动。对照之后我发现，在实验室里的粪金龟虽然看不见外面的世界，也没有什么先进的感应设备，但是实验的结果却是惊人的。第二天如果艳阳高照，那么前一天的黄昏，粪金龟肯定是窸窸窣窣地往外爬，开始把我准备的新鲜的粪料搬运回自己的洞穴里，或是再寻找一个仓库，大小根据自己寻找到的粪料来决定。相反，如果第二天天气不好，或是刮风下雨，或是阴云密布，那么前一天黄昏，整个玻璃瓶里都很安静，这群小家伙似乎集体给自己休假一样，安安静静地一动不动。当然，它们储藏的粪料是足以在天气不好的时候支撑它们很长一段时间的。有的时候，我想跟这些小家伙较较劲，看看到底是谁的判断比较准确。于是，在晚上记录完粪金龟的活动后，我会出去观察当晚的天气状况。有的时候，黄昏的天气很好，我感觉第二天也会是一个好天气，但是这些小小的天气预报员却按兵不动。刚开始的时候我会暗自窃喜，心想这些小东西也有出错的时候。

可是往往这种感觉到了半夜就消失了，因为夜里就突然下起了雨或是刮起了大风。其中最值得提的一次记录是1894年9月12日到14日这三天，玻璃瓶里的粪金龟比往常更为兴奋。我到自己的屋子外面看了看，外面的粪金龟似乎因为活动的范围大而显得更为疯狂，到处急切地飞，有时甚至会撞到护栏上，栽了跟头又赶紧起飞，比往常更为勤奋地搜集粪料。我以为这只是好天气的预兆。当时我还不知道其中的蹊跷，只是看着它们比往常更为忙碌地搜寻、搬运粪料。直到14日傍晚，开始不断地有乌云在天空中聚集，在此之前，这些疯狂的小家伙还恨不得一刻也不停地寻找着粪料。但是14日到15日的晚上，它们骤然安静下来了。乌云布满天空后，紧跟着雨滴就掉了下来，一点、两点到绵绵不断，这样的雨天一直持续到18日。这样的雨期对于粪金龟来说是没有办法外出觅食的，怪不得前几天它们异常疯狂地搜集粪料，这是对它们的天气预报能力的一个最好的肯定。

我像赌气似的连续观察了三个月。事实证明，这些小小的食粪虫身体里的确像安装了一个精密的水银气压仪一样，它们对于气压的感知是相当准确的。气压能够预报的不仅是晴天或是雨天的变化，像风暴这样的恶劣天气来临之前它们一样是不安的。粪金龟不仅是很棒的清道夫，为我们生存环境的卫生作出了很大的贡献，而且还能很好地对气压的变化做出反应。如果能加以科学的研究，这又将是一个重要的科学应用。

跟法布尔学观察

很多人在观察昆虫时，总是喜欢去找一些稀有的种类。但是法布尔却发现，像粪金龟这样随处可见的昆虫也是值得观察的一个种类。罕见的现象和物种固然值得我们观察，但那些随处可见我们自认为十分了解的现象和物种，在细致的观察下，也会带给我们新的发现。

扫码立领
● 本书内容导读
● 写作方法专题
● 阅读学习资料

蝉——用生命歌唱生活

勤 劳

有一个关于蝉的寓言是这么说的：整个夏天，蝉不做一点事情，只是终日唱歌，而蚂蚁则忙于储藏食物。冬天来了，蝉太饿了，只好跑到它的邻居那里借一些粮食。结果它遭到了难堪的对待。骄傲的蚂蚁问道："你夏天为什么不收集一点食物呢？"蝉回答道："夏天我在唱歌，太忙了。""你唱歌吗？"蚂蚁不客气地回答，"好哇，那么你现在可以跳舞了。"然后，它就转身不理蝉了。

这个寓言是造谣，蝉并不是乞丐，虽然它需要邻居们很多照应。每到夏天，它来到我的门外唱歌，在两棵高大法国梧桐的绿荫中，从日出到日落，那粗鲁的乐声吵得我头脑昏昏。

这种震耳欲聋的合奏，这种无休无止的鼓噪，使人烦躁，任何东西都想不出来了。

有的时候，蝉与蚂蚁也确实打一些交道，但是它们与前面寓言中所说的刚好相反。

蝉并不靠别人生活。它从不到蚂蚁门前去求食，相反地，倒是蚂蚁为饥饿所驱来乞求哀恳这位歌唱家。我不是说哀恳吗？这句话，还不确切，它是厚着脸皮去抢劫的。

七月时节，当我们这里的昆虫为口渴所苦，失望地在已经枯萎的花上跑来跑去寻找饮料时，蝉则依然很舒服，不觉得痛苦，用它突出的嘴—— 一个精巧的吸管刺穿饮之不竭的圆桶。它坐在树的枝头，不停地唱歌，只要钻通柔滑的树皮，里面有的是汁液，把吸管插进桶孔，它就可以饮个饱了。如果稍许等一下，我们也许就可以看到它遭受到的意外的烦扰。因为邻近很多口渴的昆虫，立刻发现了蝉钻出来的井里流出的浆汁，都跑去舔食。这些昆虫有黄蜂、苍蝇等，而最多的是蚂蚁。

身材小的昆虫想要到达这个井边，就偷偷从蝉的身底爬过，而主人却很大方地抬起身子，让它们过去。大的昆虫，抢到一口，就赶紧跑开，走到邻近的枝头。当它们再转回头来时，胆子比之前大了。它们忽然就成了强盗，想把蝉从井边赶走。

最坏的强盗要算蚂蚁了。我曾见过它们咬紧蝉的腿尖，拖住它的翅膀，爬上它的后背，甚至有一次，一个凶悍的强盗，竟当着我的面，抓住蝉的吸管，想把它拉掉。

☆阅读与写作

"咬""拖""爬""抓""拉"几个动词，准确、形象地描摹出蚂蚁的强盗行径。

最后，麻烦越来越多，无奈之下，这位歌唱家抛开自己所钻的井，悄然逃走了。于是，蚂蚁的目的达到，占有了这个井。不过这个井也干得很快，浆汁立刻被喝光了。于是，它们再找机会去抢劫别的井，以图第二次痛饮。

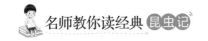

你看，真正的事实，不是与那个寓言相反吗？蚂蚁是顽强的乞丐，而勤苦的生产者却是蝉哪！

脱　壳

我有很好的环境可以研究蝉的习惯，因为我是与它同住的。

七月初，它就占据了我屋子门前的那棵树。我是屋里的主人，门外，它就是最高的统治者。不过它的统治无论怎样，总是不会让人觉得舒服。

蝉初次被发现是在夏至。在行人很多、有太阳光照着的道路上，有好些圆孔与地面相平，大小约如人的手指。在这些圆孔中，蝉的幼虫从地底爬出来，在地面上变成完全的蝉。它们喜欢特别干燥而且阳光充沛的地方，因为它们有一种有力的工具，能够刺透晒过的泥土与沙石。

当我考察它们的储藏室时，我是用手斧来开掘的。

最引人注意的就是，这个两三厘米口径的圆孔，四边一点尘埃都没有，也没有泥土堆积在外面。

大多数掘地昆虫，例如粪金龟，在它的窝巢外面总有一个土堆。蝉与此不同，是由于它们的工作方法不同。粪金龟的工作是从洞口开始的，所以把掘出来的废料堆积在地面；但蝉的幼虫是从地底下上来的，最后的工作，才是开辟门口的生路，因为当初并没有门，所以它是不在门口堆积尘土的。

蝉的隧道大都深约四分米，一直通行无阻，下面的部分较宽，但是在底端却完全关闭起来。

在做隧道时，泥土被搬到哪里去了呢？为什么墙壁不会崩裂下来呢？谁都以为蝉是用了有爪的腿爬上爬下的，而这样却会将泥土弄塌了，把自己的进出通道塞住。其实，它的举措简直像矿工或是铁路工程师一样。矿工用支柱支撑隧道，铁路工程师利用砖墙使地道坚固。蝉的聪明同他们一样，它在隧道的墙上涂上泥浆。在它肿大的身体里面，有一种液汁，可以使它避开地穴里面的尘土。当它掘土的时候，将液汁倒在泥土上，使其成为泥浆，于是墙壁就更加柔软了。幼虫再用它肥重的身体压上去，便把烂泥挤进干土的缝隙里。因此，当它在顶端出口处被人发现时，身上常有许多泥点。地穴常常建筑在含有汁液的植物根须上，幼虫可以从这些根须中取得汁液。

能够很容易地在穴道内爬上爬下，这对它来说是很重要的。因为当它爬出去到日光下的时候，它必须知道外面的天气如何。所以，它要工作好几个星期，甚至几个月，才做成一道坚固的墙壁，便于它上下爬行。

在隧道的顶端，它留着一指厚的一层土，用以抵御外面天气的变化，直到最后的一刹那。只要有一些好天气的消息，它就爬上来，利用顶上的薄盖测知天气的状况。

假使它估计到外面有雨或风暴——当纤弱的幼虫蜕皮的时候，这是一件最重要的事情——它就小心谨慎地溜到隧道底下了。但是如果天气看来很温暖，它就用爪击碎天花板，爬到地面上来了。

蝉的幼虫出现在地面上时，常常在附近徘徊，寻找适当的地点—— 一棵小矮树，一丛百里香，一片野草叶，或者一根灌木枝蜕掉身上的皮——找到后，它就爬上去，用前爪紧紧地握住，丝毫不动。

随后，它外层的皮开始由背上裂开，里面露出淡绿色的蝉。它的头先出来，接着是吸管和前腿，最后是后腿与翅膀。此时，除掉身体的最后尖端，身体已完全蜕出了。

然后，它会表演一种奇怪的体操：身体腾起在空中，只有一部分固着在旧皮上；翻转身体，使头向下；花纹满布的翼，向外伸直，竭力张开。接着，它用一种差不多的动作，又尽力将身体翻上来，并用前爪钩住它的空皮。运用这种运动，它把身体的尖端从鞘中蜕出，全程大约需要半个小时。

在短时期内，这个刚被释放的蝉，还不是很强壮。它那柔软的身体，在具有足够的力气和漂亮的颜色以前，必须在日光和空气中好好地沐浴。它只用前爪挂在已蜕下的壳上，摇摆于微风中，依然很脆弱，依然是绿色的。直到棕色出现，它才同平常的蝉一样。假定它在早晨九点爬上树枝，大概在十二点半才弃下它的皮飞去。那壳有时挂在枝上有好几个月之久。

歌 唱

金蝉脱壳后，一位歌唱家诞生了。

无论你是否讨厌它的歌声，你都必须承认，蝉是一位用生命歌唱生活的伟大的歌唱家。其热爱生活的程度不亚于人类。蝉是非常喜欢唱歌的，它翼后的空腔里带有一种像钹一样的乐器。它还不满足，还要在胸部安置一种响板，以增加声音的强度。的确，蝉为了满足歌唱的嗜好，牺牲了很多。因为有这种巨大的响板，生命器官都无处安置，只得把它们压紧到身体最小的角落里。当然了，它要热心献身于音乐，那么只有缩小内部的器官来安置乐器了。

天气炎热，空中没风，特别是临近午时，蝉的歌声就会呈间歇的特点，中间由短暂的休止符分开。每段歌声都是突然而起，急速升高，腹部也开始快速收缩。洪亮的歌声持续几秒钟，渐渐降低，最后变成了呻吟，腹部也就休息了。歌声间隔的时间长短随空气的变化而定，下一次突起的歌声永远都重复着前面的唱词，蝉就这样无休止地重复着。

有时，特别是闷热的傍晚，蝉被太阳晒得头昏脑涨，便缩短了歌声间隔的时间，甚至一直不停地唱下去，但强弱交替总是有的。

蝉一般从早晨七八点开始唱，直到夜幕沉沉时才会停止，整场音乐会持续十二个小时左右。不过，阴天或凉风吹来时，蝉便休息不歌唱，显得很安静。

那么蝉歌唱的目的是什么呢？有人说，这是雄蝉在召唤伴侣，是为情人举办的音乐会。但我对这个答案的合理性表示怀疑。

十五年来，我一直选择和蝉为邻，虽然我讨厌它们的歌声，但却一直热情仔细地观察它们。

我看见它们栖息在梧桐树树枝上，仰着头，雌雄混杂，近在咫尺。一旦把吸管插进树皮，它们就美滋滋地吸起来，一动不动。日转树影移，它们也绕着树移，但总是朝最热、最亮的方向移动。不管在

吸吮时还是移动时，蝉的歌声一直不断。

所以，我怀疑这无休无止的歌唱并不是对爱情的召唤。

我从没看到雌蝉听到歌声跑向最洪亮的乐队里去。作为婚礼的序曲，视觉足够用，根本无须听觉去表白爱情，而且根本也不需要求婚者这样没完没了地表白爱情，因为求婚的对象就在它的身旁。当情人们尽情奏响音钹时，我也从没有发现雌蝉有过任何满意的举止，丝毫没有扭动或摇摆等表示爱意的动作。

当地的村民说，蝉的歌声是为了给收割的他们鼓劲，希望他们赶快收割。获取思想的人和获取庄稼的人一样，都需工作，一个是为了智慧的面包，一个是为了生命的面包。我只能说这是他们善意的臆说或自我感觉良好。科学家希望解开这个谜，但蝉对我们人类是全封闭的，根本不让我们捉摸它，我们也无法捉摸透它，甚至连音钹发出的声音在蝉身上产生的感受我们都无法猜透。我只能下这样的结论：雌蝉无动于衷的外表似乎只能表明它对歌声无所谓。昆虫的内心情感比我们人类更深不可测。

蝉的视觉非常锐利：它大大的复眼能观察到左右两边发生的事情；它的三只单眼好像望远镜，能观测到头上的空间。只要看见我们走近，蝉就会马上飞走。但如果我们站在它看不到的地方，我们说话、吹哨、抬手，甚至以石块相击，它也不会有任何动作，而是继续鸣叫，这只能说是蝉的听觉迟钝。

我做过多次实验，这里只提最难忘的一次。

我借了镇上的炮，就是节日里鸣放礼炮用的炮，然后像在盛大节日狂欢时那样在两座炮里塞满火药。为了避免震碎玻璃，我把窗户敞开。根本无须伪装，把炮放在我家门口的梧桐树下，在树上高歌的蝉没有看到树下发生的事。

　　我和几个昆虫爱好者朋友仔细观察了歌手的数量、歌声的嘹亮程度和旋律，时刻注意观察空中歌唱家们会发生什么变化。开炮后巨大的爆炸声并没有改变蝉的歌唱，也未引起它们情绪的波动，蝉数未变，歌声依旧。我又放了第二炮，情况一样。蝉的听觉如此迟钝，再大的声音也不会惊吓到它。

　　假如有人向我说，蝉的歌声不是为了后代，仅仅是为了解闷，为生活中的某种情趣，我会乐意接受。或许蝉像我们人类一样离不开太阳，但同样讨厌闷热的天气，而它正是通过歌唱解闷。但这并未被科学证实，我希望你们将来有能力来完成。

昆虫 小 百 科

昆 虫 名： 蝉

分布地区： 温带或热带地区。

形态特征： 大多数蝉的体形不大，体长二至五厘米，不过少数种类，例如世界最大的帝王蝉展开双翼能达二十厘米，体长约七厘米。蝉的外骨骼很坚硬，双翅相当发达，多为透明或半透明，上面有明显的翅脉。

生活习性： 歌者皆为雄蝉，其鸣声特别响亮，并且能轮流利用各种不同的声调激昂高歌。

扫码立领
●本书内容导读
●写作方法专题
●阅读学习资料

藏在成语中的昆虫

噤若寒蝉

出处 南朝·宋·范晔《后汉书·杜密传》

释义 像深秋的蝉一样不声不响。形容不敢说话。

成语小故事

东汉时，有一位代郡太守叫杜密。杜密为官清正，执法严明，用人唯才，为朝廷推举过很多有用之人。杜密后来辞官回到家乡，仍然非常关心政事，时常和当地的郡守、县令谈论天下大事，推举贤士，揭发坏人坏事。当时，有一个叫刘胜的官吏是杜密的老乡，也由蜀郡告老还乡。他的处世哲学与杜密不同，只是明哲保身。他闭门谢客，不问政事，对好人、坏人一概不闻不问。

有一次，太守王昱和杜密谈起刘胜，夸刘胜是清高之士。杜密知道王昱醉翁之意不在酒，名为称赞刘胜，实则批评自己好管闲事，便对王昱说："刘胜知道有人是贤士而不推荐，听到有人做坏事而不吭声，如同冷天的蝉不再鸣叫一样，这实际上是成了罪人。"接着，杜密又说："我发现贤人就向你推荐，发现违法的坏人敢向你揭发，使你能赏罚分明，不也是为国家尽了一点力嘛！"王昱听了这番话，很是敬佩，便愈加厚待杜密了。

隧蜂与寄生蝇

隧蜂是辛勤的蜂蜜制作者，也许人们每天品尝着新鲜的蜂蜜却对隧蜂毫无了解，但这并无大碍。不过，对这些没有历史的、卑微的隧蜂的探究确实让我们知道了一些奇特的信息。既然我们现在有空闲的时间，那就让我们来研究一下它们吧，因为这些隧蜂的确值得我们去了解。比起蜂房里的蜜蜂来，隧蜂的身材要修长、苗条得多。在隧蜂这个庞大的群体中，每只隧蜂的体形和色彩都有不同之处。在大小上，有的隧蜂甚至比一般的胡蜂还要大，但有的隧蜂与家蝇差不多大，或者比家蝇还要小些。虽然隧蜂家族庞大，品种也十分繁杂，但是它们有一个共同的特征。在隧蜂背部的最后一个体节，也就是隧蜂腹部的尾端那里，有一条光亮且线条纤细的沟槽，这是隧蜂家族所有成员共有的标志。无论身材还是体色，这道沟槽都是隧蜂的共同特征。当隧蜂采取守势来防御时，它的螫针就会沿着这条沟槽向上滑行。除了隧蜂，其他带有螫针的昆虫都没有这道特有的沟槽。

我的实验对象是三种不同类型的隧蜂，而且我与其中的两种隧蜂

x

y

x

x

还是邻居，我对它们非常熟悉。它们每年都要光顾我的荒石园并且住下来。事实上，它们占领这块地方的时候，我还没有来。作为隧蜂的邻居，我可以每天都去看望它们。在这一点上，我是个幸运者。我小心地与它们相处，避免侵占它们的领地。我应该很好地利用与隧蜂之间的邻居关系。

我的第一个研究对象是斑纹隧蜂，它是隧蜂家族的代表成员。斑纹隧蜂有着优美的身材，就像胡蜂一样。它穿着朴素，但不失优雅。它的腹部很长，在那里有一条由淡红色与黑色相间的带子形成的环形条纹，非常漂亮。斑纹隧蜂集体在我的荒石园中采集修筑地道所用的泥土。它们所使用的泥土是红色黏土与细小卵石的混合体，这样的材料非常适合隧蜂所修建的工程。斑纹隧蜂往往选择在坚实的土地里修筑地道，这样可以有效地避免由于受干扰而发生的垮塌事件。斑纹隧蜂群体中的成员数目并不是固定的，有时候多，有时候少，多的时候甚至有一百来只。斑纹隧蜂的群落各自建立起自己的小镇，每个小镇之间互不干扰，各个群体独立地进行劳作。

斑纹隧蜂之间是邻里关系，而不是合作关系。这样的关系让斑纹隧蜂的世界里弥漫着祥和安定的完美气氛。每只斑纹隧蜂都有属于自己的独立的房屋，任何其他的斑纹隧蜂都不能擅自闯入，否则房屋的主人就会以猛烈的推搡来警告这位大胆的私闯民宅者，让它屈服。确实，莽撞的行为在隧蜂中是绝对不被允许的。

☆阅读与写作

把地下的忙碌场面和地上的冷清做对比，突出斑纹隧蜂挖掘地道工作的隐蔽性。

四月是斑纹隧蜂为自己挖掘地道的时间。它们在自己的地道中忙碌地工作着，很少会有隧蜂将自己的身体露出地面。这样一来，虽然斑纹隧蜂在地下进行着热火朝天的工作，但是地面上毫无热闹的迹象。工程浩大而不惹人注目，只会在地面上显露出一些小土丘。总体来讲，斑纹隧蜂的地道挖掘工程进行得非常隐蔽。

我用芦苇秸编织了一个小栅栏，用来保护斑纹隧蜂正在进行的紧锣密鼓的地道挖掘工程。我在小栅栏的中间放了一个警示的牌子，上面写着"禁止通行"的字样。这种做法既可以防止过路人踩踏隧蜂努力修建的工程，也提醒我的家人不要去那里。栅栏里面，斑纹隧蜂依旧挖着它们的地道。由泥屑堆成的小土丘有时候会因为泥屑的下滑而震动起来，这时候位于顶端的泥屑就会沿着土坡滑下去。斑纹隧蜂在运输挖掘出来的泥土时也不会让自己的身体显露出来。

挖掘工程在四月结束，等到五月，斑纹隧蜂已经由挖掘工人转变为采集工人。阳光和暖地洒在每朵鲜花上面，这是让所有生命欢愉的月份。斑纹隧蜂浑身铺满了花粉，我看到它们在小土丘上面飞来飞去，这时的小土丘已经变得像火山口一样。接下来，我想要了解一下斑纹隧蜂的居所。我拿了铲子和三尖头，这些是能够帮助我有效地进行探测的工具。斑纹隧蜂对自己居所的布置会让我采集到更多的信息。

进入隧蜂居所的前厅隧道大约有三分米长，直径与粗铅笔的直径相当。这条隧道的内壁并不光滑，因为光滑细腻的内壁在这里并不适用。相反，若这条长长的前厅隧道内壁凹凸不平，斑纹隧蜂便可以很容易地在这种高低不平的隧道里找到支撑点。这条前厅隧道循着满是卵石碎屑的土地，尽量笔直地往里延伸，但有时候也显得弯弯曲曲。隧蜂母亲对于这条前厅隧道的全部要求就是能够让自己顺利、快速地上下行动，所以粗糙的内壁比较合适。

在隧蜂居所的底部，每间小蜂房都以不同的高度横向层叠起来。

这些是掘土工在大土堆里的椭圆形洞穴，大约长二厘米，洞穴的尾部是很短的细颈。细颈的端口逐渐扩大为一只双耳尖底瓮的瓮口，非常精致，就像是一只用来做顺势疗法的玻璃瓶，小巧细腻。在地道里的任何东西都大大地敞开着。与粗糙的前厅隧道不同，供隧蜂幼虫居住的房间建造得精致细腻。一间间小住所的内部被粉饰得非常亮丽光润，小巧细致的菱形标志闪着光芒，就连我们技艺最精湛的粉刷工看见了这样的住所也会心生嫉妒。这种精致的表层是用一种近乎完美的抛光技术制成的，这种抛光技术是由隧蜂的舌头实施的。斑纹隧蜂的舌头就像是一把镘刀，这把镘刀通过有秩序的舔舐能够把室内弄得光亮。

还有最后的一道平坡，它在修建之前就有过粗略的加工，显得精致且漂亮。蜂房在储备食物之前，内壁上布满了用大颚做出来的类似针孔的小洞。大颚通过颚尖把黏土压严实，然后往后推动，使黏土中没有沙质的细粒。完成了的作品就好像由细粒状花边围成的，而被磨光的那层则会与绳边很好地进行黏合。斑纹隧蜂通过对黏土的精心筛

选、过滤、纯化和掺拌，最终把它们一小块一小块地粘连在一起。

在隧蜂使用自己镘刀般的舌头进行抛光之前，它必须用自己的唾液使糊状的物质具有弹性，并且要等唾液干燥，因为干燥的唾液具有防水漆的功能。在下雨的时候，土壤的湿度会使小块泥土制成的凹室在脱落后化为泥浆，而唾液的防水功能正好能够防止这样的危险发生。唾液涂层非常薄，我们根本无法看到它，而只是知道这层唾液的存在。但是，我们看不见并不表示它的功能不显著。我在一个凹室内灌满了水，看到里面的水没有一点渗漏的迹象，可见唾液的防水功能多么强大。就像被漆了一层铅矿粉似的，小小的凹室一点也不漏水。陶瓷工通过用烈火熔炼各种矿物的方式来让陶器不漏水，而隧蜂则用它那镘刀般的舌头以及唾液来防水。幼虫有了这层防水保护层，就能够安心舒适地躺在自己的槽室内，即便外面正下着倾盆大雨。其实这层唾液涂层也容易被弄下来，只要我想，我就能够用破布将防水膜弄掉。我可以把挖了蜂房的那个小土块的底部放在水中，让水把这个土块渐渐地溶为泥浆，然后我就可以开始拿刷子的尖部清扫泥浆。当然清扫时必须仔细小心，因为只有这样才能让那层唾液薄膜脱离它粗糙的外表。唾液涂层非常薄，无色透明。假如蜘蛛所织成的不是网而是布料，那么只有蜘蛛的布料才能够与这层唾液薄膜相媲美。

通过观察，我发现斑纹隧蜂修建自己的居所是一项比较浩大的工程，要花费很长时间。隧蜂首先要做的是在黏土地上挖出一个巢，这个巢要呈椭圆弧形。这项工作虽然进行得粗糙，但困难仍然存在，因为它需要在狭窄的细颈中完成，这个细颈刚好能够让挖掘器械通过。隧蜂在挖掘时把自己长着铁钩的跗节作为耙，而把大颚当作镐。

被挖出来的泥土在很短的时间内就堆积起来，形成一个土堆，占了不少地方。隧蜂把这些泥屑集中到一起，然后让自己的身子向后退，而前足合拢起来放在土上。隧蜂把泥屑通过通道运到上面，土堆逐渐变高。

隧蜂的第二项工作是对居所进行细致的装修。这些工作都是陶瓷制造术的代表作，其中包括壁里的细粒状轨花绲边，用质地好的黏土修筑的粉饰涂层，用镘刀般的舌头对各个部位进行的抛光工作，唾液防水薄膜以及双耳尖底瓮瓮口。所有的程序都需要几何学般的精确程度。在封闭蜂房的时刻到来之前，它还需要做一个塞子，用来关闭房门。隧蜂幼虫的房间的完美程度让它看起来根本不像是随着成熟的卵脱离卵巢而每天临时修筑的。隧蜂在三月末和四月的时候进行修建房屋的工作，因为等到雨季来临时，这样的活就干不了了。隧蜂母亲耐着寂寞独自做着这项工作，它花费大量的时间和精力来为自己的孩子建造精美的房间。

☆阅读与写作

作者用优美的语言描绘了生机勃勃的五月风光，给人活力四射的感受，烘托了喜气洋洋的气氛，预示着隧蜂即将获得成功。

气候宜人的五月到来了，各种生命重新绽放出活力。百花争艳，草坪碧绿。成千上万的蒲公英盛开了，层层叠叠。雏菊、委陵菜与羊日花也同样不甘示弱。就在这个优美的季节，隧蜂的房屋修筑工程已经完成得差不多了。在把食物存储到房屋内之前，隧蜂还要进行细致的勘察工作，可见准备工作时间之漫长。不过这样的工作排序十分正确，因为先把小屋修建完整能够让隧蜂母亲在日后收获和产卵时无须再干修筑的活。没有隧蜂居住的房屋显得非常空荡，将近一打的蜂房已经修建完毕。

蜂类昆虫在盛开的花朵上尽情地玩耍着。隧蜂的足上沾满了花粉，它的胃囊也因充满了蜜而膨胀起来。隧蜂在返回小镇的途中几乎是掠着地面飞行的，飞得很低。隧蜂在返回小镇的旅途中有时候也会迷路，这好像是弱视造成的。它突然间拐弯，身体摇摇晃晃，历经重重困难之后才在村子的那些茅屋中间重新找到了回家的路。

　　小镇里的土堆非常多，一个个都相互挨着，很难进行分辨。不过隧蜂却能够很轻易地就认出自己的土堆，因为每个小土堆都有特有的标志。隧蜂一边飞行一边寻找着自己的土堆，最后终于找到了自己的居所。在找到房门之后，隧蜂将自己的足放在门槛上，之后便让身体迅速地钻到洞中。回到巢中的隧蜂把自己采集来的花粉卸下，然后把身子转过来，把胃囊中的蜜吐在落满尘土的食物堆上。隧蜂的这些工作与其他的蜂类昆虫并没有什么区别。之后隧蜂又重新飞回花丛中开始采花粉和花蜜，这样的工作要重复做好几次，直到自己蜂房中的食物已经足够食用为止。接下来是制作糕饼的时间，隧蜂母亲掺拌着蜂蜜揉搓面团，制作丸状的食物。隧蜂制作糕饼的方式虽然简单，但是做出来的糕饼却非常细致而有层次。如果将这些糕饼比作我们所食用的面包，那么与面包不同的是，隧蜂所做的糕饼外层相当于我们的面包心，而里层则相当于我们的面包皮。也就是说，越往外面，糕饼越好吃。这种制作糕饼的方法也是按照隧蜂幼虫的成长发育情况制订的。当幼虫还处于体质较弱的时期，它就啃食外面的柔软部分，这层糕饼是由含蜜的粥状物制成的；当幼虫长大后，它就有足够的力气吃掉里层的干燥小骰子，这层糕饼是用干燥的花粉做成的，也是最后的食物。

　　食物制作完成后，一般蜂类昆虫所要做的事就是把房屋封闭起来。条蜂、石蜂等小昆虫，它们在把自己的房屋堆满食物之后就开始产卵，然后把房间紧闭，日后就不需要再回来进行看管了。不同种类的隧蜂拥有自己独特的方法。隧蜂的蜂房中堆满了圆面包，每个圆面包上都趴着一枚卵。我看到一枚卵弯曲成弓形，横卧在隧蜂母亲制成的圆面包上。蜂房与进入蜂房的隧道连通着，这样的布局方式能够让隧蜂母亲很容易地上下飞行。它每天都能够回家看望自己的孩子，了解自己家庭中发生的变化，而且自己手头上的工作也不至于贻误。隧蜂母亲应该还会时而再运送些食物到蜂房中去，因为类似面包的食物与其他蜂类昆虫的食物相比，显得非常稀少。不过这只是我的猜测而已。

某些膜翅目昆虫，例如泥蜂，它们喜欢把食物按照份数留给孩子们吃。而隧蜂为了能够让自己的孩子吃到新鲜可口的美味，隧蜂母亲每天都会把幼虫的屋子填满。隧蜂的食物比较容易储存，隧蜂母亲能够在幼虫食欲最旺盛的时期根据需求把植物粉末运送到家中。除了这个原因，我找不到保持蜂房与外界畅通无阻的其他原因。隧蜂幼虫由于得到母亲精心的照料而成长得很快。等到幼虫将要转变为蛹的时候，蜂房就被关闭了。隧蜂母亲用一个由黏土制成的盖子堵在喇叭形的口子上。之后，隧蜂母亲就不再管自己的孩子了。

以上我们看到的是隧蜂家族中和谐温馨的一面。但是，在温馨的同时，隧蜂也会遭到其他昆虫的骚扰。这种入侵者就是寄生蝇，它们会对隧蜂家族进行疯狂抢夺。

在五月的某一天，上午十点左右的时候，我坐在椅子上观察隧蜂居住最为密集的小镇。我弯着腰，把手臂放在膝盖上面，静止不动。我保持着这个姿势直到中午吃饭的时候。这时候我发现一只寄生蝇，虽然在我眼里它显得那么微不足道，但是对于隧蜂来说，它可是位残暴的侵略者。

我不知道这种寄生蝇叫什么名字，它们应该是有名字的。不过我认为名字并不重要，我也不愿意把大量的时间浪费在对寄生蝇名字的追查上。我只要把它的习性叙述得合情合理，我想这种描述比冗长而枯燥的专业名词要明确多了，也更受人们的青睐。我相信对于这只妨害隧蜂的家伙，只用几句话就能将它的体貌特征描述清楚。这种寄生蝇的身长大约有五毫米，它属于双翅目昆虫。寄生蝇的脸孔呈灰白色，眼睛是暗红色的，前胸也比较灰暗。它的足是黑色的，灰色的腹部显得苍白。寄生蝇的身上还长着黑色的斑点，总共有五行，斑点很细小。这里也是寄生蝇尾部纤毛长出的地方。

寄生蝇躲在自己的洞中等待着隧蜂回家的时刻，它们成堆地聚集在坑洼中。在阳光的照射下，我看到了满谷满坑的寄生蝇。

隧蜂在采集花粉后把自己的足染得很黄，这个时候寄生蝇就开始跟踪隧蜂。隧蜂在返回自己家的途中迂回，寄生蝇也穷追不舍。直到隧蜂这只膜翅目昆虫钻进自己的房子，寄生蝇这只双翅目昆虫也同样落在隧蜂的房门口。寄生蝇在那里保持静止，等着隧蜂再次出洞。

隧蜂再次出来的时候也在自己的房屋门口停留着，它的胸部和头部都露在洞外。两只昆虫对峙着，互相观察着对方，一动也不动。它们之间隔了一小段距离。从隧蜂的举止上好像可以看出它对这位入侵者并没有太大的兴趣，寄生蝇也并没有因自己的侵略行为而受到隧蜂的反攻。寄生蝇在隧蜂面前显得十分渺小，隧蜂只需要用自己的一只足就可以将寄生蝇踩住。不过寄生蝇在强大的隧蜂面前表现得相当镇定。隧蜂并没有意识到自己的家庭将要遭受一场侵袭，而寄生蝇也没有表现出任何惧怕的行为。看来我等待寄生蝇表露害怕的情绪是一种浪费时间的做法。两只昆虫依旧相互对望。我不知道隧蜂为什么会表现得如此自如，这是愚蠢的表现吗？只要它愿意，它就可以用它那强大的足将对方的肚子弄破。它也可以用自己的大颚把眼前的寄生蝇钳得粉碎，把它的身体刺穿，但是隧蜂并没有这样做。

由于通往蜂房的道路非常畅通，所以等到隧蜂再次出去采集花粉的时候，这只寄生蝇就开始肆无忌惮、毫无阻碍地进入隧蜂的房间偷食。寄生蝇有着准确计算时间的能力，它能够估算隧蜂回到洞中的时间，因此偷食活动显得更加猖狂。寄生蝇还会在蜂房中产下自己的卵，没有什么东西会打扰到它。隧蜂在外面干活需要的时间比较长，因为把足沾满花粉以及把胃囊装满蜜都是耗费时间的事情。寄生蝇也因此能够在蜂房中停留较长的时间。等到隧蜂返回到自己家中的时候，这只偷食的寄生蝇早就消失得无影无踪了。不过它并没有走得太远，就躲在不远处，还等着隧蜂再次出洞后重新进入蜂房偷吃。

假如寄生蝇在偷吃的时候被隧蜂发现了，那也不会有什么严重的后果。我亲眼看见一些胆子过大的寄生蝇在隧蜂还停留在蜂房里的时候就尾随着进入里面。由于隧蜂在蜂房中忙于制作糕饼，寄生蝇在这时并没有机会上去抢夺食物，所以它再次飞到洞口，等待隧蜂出去采花粉后再进入洞中偷食。寄生蝇看起来非常平静，没有任何受到惊吓后表现出来的行为。可见它刚才在蜂房中并没有遭受到隧蜂的什么攻击。隧蜂驱赶寄生蝇的唯一行为就是拍打一下寄生蝇的颈项，这也是在遇到那些过于胆大妄为的家伙的情况下才有的举动。两只昆虫之间根本没有过激的争斗行为。寄生蝇从蜂房中上来后仍旧在门口镇定地待着，它的身上完好无损，没有任何受伤的迹象。

隧蜂在返回自己家的途中总是采取迂回前行的方式，无论这只隧蜂是否采集到食物。它时而向前飞行，时而又会后退，总是在犹豫一小会儿后突然快速地飞走。飞行的路线蜿蜒曲折，它几乎是贴着地面前行的。隧蜂的这种无序、混乱的飞行方式让我想到一个问题，它会不会在用这种飞行方法来迷惑跟随在后面的寄生蝇呢？假如它这样做真的是为了迷惑寄生蝇，那这的确是一个谨慎的举动。事实上，隧蜂并没有如此聪明的头脑。

　　隧蜂之所以会迂回前进，是因为它要思考如何才能正确地返回家中，它会经常迷路。隧蜂聚集的小镇上堆满了小土堆，隧蜂要在这些零乱的土堆中寻找属于自己的那个，因此它会变得犹豫不决。而且小土堆会因为塌陷而变得一天一个样貌，这给隧蜂在辨认方面造成的困难就更大了。飞来飞去的隧蜂每隔一小段时间都会暂时失踪，直到它认出属于自己的那个小土堆之后就快速地钻进自己的洞中。这时候寄生蝇就停留在门槛上，把头部朝向洞的入口，等着隧蜂出去后进去偷吃。

　　等到隧蜂准备出洞的时候，寄生蝇就会让自己的身子略微地向后退一下。这样一来，隧蜂就能够顺利地飞出洞口。两只昆虫在洞口的相遇显得那么平静和谐，以至于假如没有情报员透露消息，大家根本都不知道隧蜂就是寄生蝇的牺牲品。隧蜂在洞口的突然现身不但没有吓到寄生蝇，相反，寄生蝇对隧蜂的出现表现出了一副不予理会的神情。同样，隧蜂对寄生蝇也毫不在意，除非这个不劳而获的家伙在空中将隧蜂追逐，那么隧蜂就会来个急刹车，然后猛地飞走。

同隧蜂甩掉寄生蝇的方法一样，被弥寄蝇追逐的泥蜂或是其他的猎捕昆虫者也会采取同样的方式。泥蜂并没有因为受到弥寄蝇的骚扰而感到烦躁，相反，它以平静的方式对待出现在自己家门口的偷食者。然而与寄生蝇不同的是，弥寄蝇不敢随意地闯入泥蜂的蜂房。它只会谨慎地徘徊在泥蜂的洞口，等泥蜂带着猎物回来之后，将卵产在猎物身上。

但是寄生蝇在隧蜂那里却没有这么容易。由于隧蜂在回家的时候把花粉涂在了自己的足上，把花蜜装在胃囊之中，因此寄生蝇很难靠近蜜，而且花粉也没有固定的支撑物。此外，隧蜂不断往返于花丛与自己的家，囤积原料来制作糕饼。等到拥有足够数量的原料后，隧蜂就会用自己的大颚对这些东西进行搅拌，然后用自己的爪子把它们揉捏成糕饼。如果寄生蝇这个时候出现在隧蜂的蜂房中，那么它的卵很可能会被隧蜂连同原材料一起搅拌进食物当中，这是非常危险的。

但是为了能够让自己的卵待在隧蜂的蜂房中，寄生蝇还是会冒着生命危险进入蜂房。寄生蝇这种大胆的行为让人无法理解。就算是隧蜂还在蜂房中工作，寄生蝇也敢闯入。它会把自己的卵放置在糕饼上面。而隧蜂这个时候却对寄生蝇的行为无动于衷，听之任之。隧蜂的这种不管不顾的态度或许是因为胆小，也可能是由于愚笨，或者是对寄生蝇的忍让。

☆阅读与写作

"或许""可能""或者"这三个表示猜测的词语在一句话中出现，表现了作者对待科学严谨的态度。

其实，寄生蝇的胆大妄为并不是为了它自己，而是为了它的子孙后代。寄生蝇进入隧蜂的蜂房后会很有节制地吃一点食物，但是并不以危害隧蜂为目的。寄生蝇只需要食用一点东西就能够让自己的生命维持下去，所以它所偷吃的食物并不会很多。寄生蝇下到蜂房中有着比偷食更重要的目的，那就是安顿自己的孩子。在挖掘由花粉制成的食物的时候，我发现了大量被弄碎了的食物。一些黄粉洒在了蜂房的地上，有两三只蛆虫在上面扭动。这些蛆虫正是寄生蝇的子女。隧蜂的孩子有时候会和寄生蝇的子女混住在一起，但是因为隧蜂的孩子吃不到东西，它们的身体得不到营养，于是它们很快就会在羸弱中死去。死后的尸体化为微小的颗粒，和其他的食物混杂在一起，成为寄生蝇子女的食物。其实寄生蝇的子女也没有抢尽隧蜂孩子的食物，只是吃掉了最为优质的那一部分。

在自己的孩子正遭受厄运的时候，隧蜂母亲在做些什么呢？它只要把自己的头放在隔巢的细颈那里就能够把蜂房中所发生的事情看得一清二楚。只要它愿意，它随时都能够进入蜂房中探望自己的孩子，把捣乱者弄死或者赶出自己的家门。然而隧蜂母亲无动于衷，这使得寄生蝇的子女更加肆无忌惮地欺负着隧蜂的孩子。

比起这件事，隧蜂母亲更为可笑的行为还在后面。蛹期来临时，隧蜂母亲会把自己的蜂房关闭，那些被寄生蝇洗劫一空的蜂房也同样会被关闭。这种做法对于保护蜕变的隧蜂来说是极其有用的。然而让人无奈的是，寄生蝇在那里待过后，隧蜂依旧会将蜂房关闭。这种行为实在是与逻辑相悖，不合情理。因为这种蜂房里的食物早就被寄生蝇吃得精光，而且狡猾的寄生蝇蛆虫也会在房门关闭之前就逃走。寄生蝇的蛆虫好像有着成虫没有的预见能力，知道不久后的成虫会遇到一个无法穿越的障碍。寄生蝇蛆虫在这方面非常狡诈，它们担心会在蜂房被关闭后受到监禁，于是都提前离开了。虽然蜂房里有着很好的防水涂层，对于隐居者来说非常适合，但寄生蝇绝不会在这里多逗留一秒钟，它们最终会分散到井巷周围。

根据寄生蝇虫蛹的这种习性，我在寻找蛹的时候不会到蜂房中去，而是在蜂房以外的领域进行搜罗。我看到它们一个个镶贴在黏土里面，这是从蜂房中迁徙出来的寄生蝇蛆虫为自己搭建的房屋。等到春天来临的时候，它们就可以轻易地从倒塌物中钻出去。

除了上面所说的一种原因，促使寄生蝇搬迁还有另外一种原因。寄生蝇只会产一次卵，七月时，这些后代正处于蛹的状态，它们等着第二年春天的时候发生蜕变。但是隧蜂会在七月份的时候进行第二次产卵，它在产卵后会重新回到小镇上干活。第一次生育前所修筑的蜂房保持得很完好，所以这次隧蜂的工作就会少很多，也轻松很多。它只需要将原来的蜂房稍微地进行装饰就可以了。不过，隧蜂这种昆虫是非常爱干净的。假如它在清扫蜂房的时候发现了寄生蝇的虫蛹，那么接下来会发生什么状况呢？显然，隧蜂会把这些蛹当作废弃物清理掉，它会用自己的大颚把这些蛹夹住，或者弄得粉碎，然后扔到外面的泥屑中去。这样一来，寄生蝇的虫蛹就会在外界受到磨难，最后死在泥屑中。我对寄生蝇迁移的行为非常赞赏。它们居然能够为了长远的打算而牺牲掉眼前的利益，我很是佩服。假如它们没有在恰当的时刻离开蜂房，那么它们就会死于非命。但是聪明的寄生蝇选择了离开，它们避开了两种危险：第一种是被关在小匣子里；第二种是被隧蜂的大颚弄得稀巴烂。

六月是查看寄生蝇最终归属的时候。我们一行四人对隧蜂所居住的小镇进行了一次全面的探查。我们用指头在挖出的泥土中搜寻。第一个人检查过后再由后面的人继续检查，丝毫没有放松过。这里总共有五十多个巢，我对地下发生的灾难非常清楚。然而让我们倍感失望的是，连一只隧蜂的蛹都没有找到。隧蜂的领地全部被寄生蝇侵占了。相反，寄生蝇的后代倒是繁衍得非常兴旺，所有的地方都堆积着它们的虫蛹。我将这些蛹收集起来，为的是更好地观察它们的成长过程。

寄生蝇的虫蛹呈褐色的小筒形状，它们从外表上看并没有什么动静。但这是包含着潜在生命的小筒，刚开始的蛆虫在蛹里变硬、收缩。烈日当空的七月没能让它们苏醒过来。同样是在七月，隧蜂开始生育自己的第二代。刚好这个时候是寄生蝇休工的时节，这对隧蜂后代的繁殖大有益处。假如寄生蝇在隧蜂繁殖第二代的时候仍旧拼命地进行抢掠，那么隧蜂就难逃灭绝的厄运了。寄生蝇的暂时休工使得一切都恢复了正常的秩序。隧蜂与寄生蝇的行动日期协调得多么好哇。第二年，当斑纹隧蜂在荒石园中四处寻找挖掘洞穴的合适地点时，寄生蝇已经在孵化了。这样完美的日期协调又显得非常可怕。当隧蜂开始活动的时候，寄生蝇的准备工作也做好了。一场抢掠的战争即将开始。

关于战争，假如只发生在个别族类身上，那么人类肯定不会花那么多的时间去思考它。因为一只隧蜂的生死与世界的和平并没有什么紧要关系。可惜的是，战争已经成为几乎所有生命得以生存下去的手段，它俨然已经成为终生存活的一条规律。无论是低级动物还是高级动物，都是如此。人是最高级的动物，这种等级原本应该让人脱离残酷的战争，与动物们进行区别。但是，人们却说出了这样的话："做事嘛，就是把别人的钱归为己有。"这就和寄生蝇说"做事嘛，就是让隧蜂的蜜归我所有"是一个道理。战争是人类为了更好地进行烧杀抢掠所发明的一种手段，它让大规模的杀人看上去十分光荣，让大规模的杀人变成了艺术。假如杀人的规模过小，杀人者就会被绞死。

假如只有人类之间会发生战争，那么战争很有可能在未来被和平代替。因为人类拥有较高的智慧和豁达的心胸。然而，就连渺小的虫子之间也会发生战争。更可怕的是，这些虫子并没有任何智慧，它们的行为根本不会受到理性思维的制约。看来战争存在于芸芸众生之

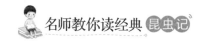

间，它无法被彻底清除。让我们担忧的是，今后的生活还会像现在一样，在永无止境的杀戮中度过。星期天在村子里的小教堂中所歌唱的梦想将永远只是梦想，它永远不会实现。

频繁发生的战争让人们不得不发挥想象，想象出一个玩弄宇宙于股掌间的巨人。他是正义和权力的化身，他有着超凡的力量，无法反抗。这个巨人对地球上所发生的一切了如指掌，战争、杀戮、纵火、无理的胜利等，他通通知晓。就连我们的炮弹、鱼雷艇、炸药、装甲车和一切能够致死的机器，他也都了解。他甚至知道造物者所创造出来的最小的生物间也存在着这样那样的残酷竞争。

假如这位拥有无穷力量的正义化身把地球放在他的大拇指下，他会有怎样的举动呢？他会把地球砸得稀巴烂吗？不，他会犹豫，他不会将地球砸碎。他只会遵循万物发展的规律，让地球自生自灭。他会告诉自己："古时候的信仰并非没有道理。现在的地球只是个被蛀虫咬过了的果核，地球还没有开花，它还只是处于粗胚的状态。我相信，一个拥有秩序和正义的地球最终会来临。现在的地球只不过是迈向未来那个地球的阶梯而已。就让我们顺其自然吧！"

昆虫 小百科

昆 虫 名：寄生蝇

种　　类：约有五千五百种，中国已知五百余种。

形态特征：体中型，多为黑色或者灰色，生有刚毛。

作　　用：因能抑制害虫的繁殖，在害虫生物防治上具有重要意义。

读《昆虫记》有感

《昆虫记》是法国昆虫学家法布尔的一部不朽的著作。

作品介绍了不同昆虫的样子和习性。聪明的红蚂蚁、漂亮的蛾、发光的萤火虫等，它们都是这本书的主人公。其中，我对《萤火虫的习性》这一篇最感兴趣。每种动物都有自己的"撒手锏"，萤火虫的"撒手锏"是它的"麻醉药"。它外形看似柔弱，却是个不折不扣的杀手。它喜欢猎杀蜗牛，轻轻地把麻醉毒素注入蜗牛体内，便能使蜗牛动弹不得，任其宰割。

读了《昆虫记》，我才发现昆虫的世界是如此丰富多彩。在昆虫的身上其实也能看到人类的身影，尽管它们不会像人类一样用语言表达，但它们的每一个动作都有深刻的含义。《昆虫记》赞颂了生命的伟大。世界上无处不在的就是生命，一些微小的生命往往容易被忽略，比如昆虫。人类虽然处在生物链的顶端，但是，像昆虫这样的生命，也是生物链中不可缺少的一环，它们的生命也应该得到尊重。以前，我总是为了自己的快乐而伤害小昆虫们，根本不顾它们的感受。看了这本书，我才认识到自己的错误，才明白动物的生命同样应当得到尊重，不应被任意伤害。如果站在它们的角度上去考虑，它们是多么痛苦！今后，我一定不会这么做了。

《昆虫记》不仅是一部昆虫科学百科，还是文学巨作呢！法布尔用语十分生动形象，通过细致入微的描写，将我们带入一个有趣的昆虫世界。

法布尔的执着精神更让我敬佩。不论是炎炎夏日，还是寒冷的冬天，他都在孜孜不倦地观察昆虫。法布尔观察昆虫的所有习性，并且不断思考，必要时还会将昆虫带到家里养，以便观察。他的一生用大量的时间观察千奇百怪的昆虫，收获非同小可。